愛犬のための 食べもの栄養事典

講談社

はじめに

手作り食は、むずかしい栄養価計算や特別な食品は不要で、誰でも簡単に始められます。あなたも始めてみませんか?

むずかしい栄養価計算は不要!

この本は、自宅にある食材を手にして「この食材は、愛犬の手作り食の食材として使えるの?」という疑問をお持ちの方に、使えるか、使えないかを判断する指標として活用して頂きたいと思い、執筆させていただきました。さらに、バランス良く食材を組み合わせる方法もご紹介させていただきます。

私が2002年に手作り食本を上梓させていただいた頃は、「手作り食は難しい栄養価計算をしないと、犬が病気になる」という噂が信じられていました。

しかし、多くの飼い主さんの「加工食品(フード)が食べられるなら、その原料となる食材が食べられないのは不自然だよね。」「そういえば、昔、うちで飼っていた犬は、残り物ご飯で18歳まで生きていたし、動物病院に行ったこともなければ、そもそも動物病院なんて無かった。」「手作り食にしたら病気になったという話があるけど、うちの子はフードを食べていたのに病気になったが、それがフードのせいだとはいわれないことに違和感を感じる。」「散歩仲間のイサちゃんママ(仮名)も手作り食やっているみたいだから、私もやってみよう!」という旺盛なチャレンジ精神による実践のおかげで、手作り食で病気になるという噂は、因果関係がハッキリせず、フードでも、手作り食でも健康でいられることが解ってきました。

この本では、「健康を維持するための手づくり食」を作るための食材をご紹介します。

身近な食材で簡単にできる！

実は私が、手づくり食のアドバイスを飼い主さんに始めた当初は、むずかしい栄養価計算をすべきであると信じてアドバイスをしておりました。

しかし、あまりに複雑だったためか、飼い主さんが日常生活に取り入れるのが難しく、いつしか、私に黙って「簡略化」されていたのでした。

ところが「ゴメンナサイ、実は、簡略化した手づくり食でも、病気が治りました！」という声を、全国各地にいる多くの飼い主さんから聞き、自分の考えが偏っていたことを思い知らされました。これらのことから「難しい栄養価計算は必ずしも必要ではなかった。」という事実をお教えいただきました。

そもそも、ペットフードの栄養価計算は精製食としての計算ですから、食材そのものを使う手づくり食にはそのまま当てはめられないのは、考えてみれば当たり前の話でした。

手づくり食をしていた子が、栄養失調や病気になったり、死んだなどというケースで、手づくり食との因果関係が明白なケースを私は知りません。

犬は、基本的に雑食です。もちろん肉も食べますが、他の食物もきちんと消化吸収することができます。なぜならそれは、長年人間のそばにいて、伴侶動物として生活してきた経緯があるからです。

「犬には何を食事として与えるのがベストなのでしょう？」というご質問をいただくことがありますが、「これさえあればどの子も大丈夫！」という回答はこの世に存在しません。犬種によって異なりますし、同じ犬種でも個体差がありますし、同じ個体でも日によって違います。

基本的には、P19にあるように、1群、2群、3群に分類されている食材をいくつか組み合わせれば、普通は栄養失調になることはありません（消化器系に問題がある場合を除く）。また、愛犬の体に良かれと思い、嫌いなものを無理矢理食べさせる方がいらっしゃいますが、そのようなことをする必要もありません。特別な病気で特定の栄養素が必要であれば、同じ効果がある、犬の好きな食材から摂らせてあげてもよいのです。

食事を変えてなぜ犬が治癒・改善？

処方食で改善しなかった病気が、手づくり食で症状改善や治癒することがあるのです。

水分の多い食事は体の毒素を排出する

　突然ですが、生き物は沢山食べればどの個体も大きくなるのでしょうか？　違います。正しくは「成長期に、不足無く食べれば、その個体なりの大きさにまで成長する」のです。いくら沢山食べたからと行って、チワワがセントバーナードのような大きさにはなりません。

　では、病気が治るのは特定の食材を食べるからでしょうか？　いいえ、違います。病気が治るのは犬自身の治癒力が発揮されたときです。

　この辺を勘違いすると、食材に特別なパワーを期待しすぎるようになり、「●●を食べさえすればこの病気は治る！」と思い込んだり、「●●病を治す食材は何ですか？」という間違った質問を抱くようになってしまうのです。

　手づくり食に期待出来ることは「自然に働く治癒力を邪魔せず、最大限に発揮できる様、体内環境を整える」ことです。「何だ、大したことない」と食事の効果を過小評価してはいけません。体内環境が整っていない状態で薬をのんでも必要な所に届かないかもしれませんし、低体温状態だと免疫力が充分に働かないことは、ご存じのことと思います。

　では、どうしたらいいのでしょうか？

　まず一つは、水分の多い食事にすることです。「ドライフードを食べて水を充分に飲まないために、オシッコが濃い黄色で、首の後ろの皮を引っ張ってパッと離すと2秒以上かかって元に戻る」なら脱水状態です。

口臭・体臭・便臭が減り腫瘍等の病気も治った！

体内の老廃物は「オシッコ」として排泄されます。ですから、身体の正常化には、十分な水分を摂取して、体内で産生・蓄積された老廃物を排泄する必要があります。

そのためには、ドライフードより缶詰、缶詰より手づくり食がおすすめです。

手づくり食に変えることで、治りやすい病気のひとつに、尿結石症があります。

尿結石症は、通常、療法食を食べて治す病気とされているのですが、実は、療法食を食べても治らないというケースが少なくありません。来院した飼い主さんが、ものは試しにということで、水分を多く含む手づくり食に切り替えてみたところ、オシッコを沢山出すようになった結果、あっという間に治ったというケースが多々あります。

もちろん、個々のケースによってアレンジが必要なことがあるとは思うのですが、多くの人たちが体質だから治らないと思い込まされている尿結石症は、手づくり食にすることで改善しやすい病気のひとつです。

このようにして当院では、食事を手づくり食に切り替えることで、これまでご紹介した症状以外にも、腫瘍を克服した子や、肝臓病を克服した子、口内炎や歯周病を克服した子たちなどがたくさんいます。

手づくり食に変えると、いち早くわかるのが、口臭・体臭・尿臭・便臭が減ることです。速い子では、翌日に変化が起きますし、遅い子でも2～3週間で効果が表れ始めます。ですから飼い主さんは、愛犬の変化にすぐ気付けるはずです。

これまでの経験から、様々な症状の改善を通して、病気を早く治すためには、体が異物を排除しやすい、抵抗力を十分発揮できるような体にする必要があると、感じております。

症状が出るということは、白血球が排除しなければならないような異物が体内にあるということです。安易に症状を消すだけで安心するか、症状が出る原因を排除しようとするかは、飼い主さんが選択できます。ただ、原因が残っていたら、症状がいつ出てもおかしくない状態が続くということかもしれません。

ドックフードを止めたら栄養失調にならない？

ドッグフードの栄養素は、スーパーで手に入る食材から摂ることができるので心配無用です！

ドッグフードはインスタントフード

　年に何回かセミナーをやらせていただくのですが、十年以上も手づくり食指導をしておりますと、だいたい同じパターンのご質問をいただきます。

　非常に多いご質問のひとつが「手づくり食をすると、栄養バランスが取れなくて、病気になると聞いたので、不安です。」というものです。

　まず「…と聞いた」という話をそのまま鵜呑みにして大丈夫なのでしょうか？　また、因果関係がはっきりしない、ごく希なケースを全ての犬で起こるかのように語られることもあります。実際はどうなのかを調べてみる必要があるのではないでしょうか？

　これまで全国の飼い主さんが実践して下さったおかげで、難しい栄養価計算は必ずしも必要ではないとわかっております。

　なぜドッグフードを作る際に入念に調べられた「栄養バランス」を手づくり食で達成することが難しいのでしょうか？

　この様なときは、その基準が手づくり食用ではなく、「粉を固めて作った精製食」用の基準値だから、手づくり食にそのまま当てはめることは出来ないと考えるのが普通です。もちろん、どちらが良くてどちらが悪いというわけではありません。

　私たちは、家にある食材を使って、お母さんが栄養価計算などほとんどせずに作ってくれたごはんを食べて、元気に成長できました。この事実は非常に重要です。身体は、必要に応じて栄養素を体内で作り変えることもできるのです。

生きた栄養が元気な体を作る！

論より証拠、私の動物病院に来ている犬たちは、飼い主さんが作った手づくり食を食べて、元気になった子たちがたくさんいるのです。

ドッグフード以外のものを食べたら病気になるという話も、ごはんを作るときに栄養価計算が絶対に必要だという話も私は正確ではないと思っています。

私は「手づくり食が最高です」とか、「手づくり食でなければ病気になります」等と自分の意見を一方的に押し付けるつもりはありませんが、診療経験上、手づくり食は愛犬にとって、ひとつの有効な選択肢として、非常に有益なものだと思っています。

昔、犬を飼っていたおばあちゃんやおじいちゃんが、「昔の犬は、残り物ごはんを食べても病気にならなかったんだ。だけど、最近の犬は病弱だねぇ。ドッグフードなんか食べてるから病弱なんじゃないのかい？」と話しているのを目の前で聞いたことがあります。

最近の人たちは、栄養に関していろんな情報を集めて勉強し、「これがいい」「あれが効く」と言っている反面、飼われている犬や猫は動物病院へ足繁く通っていたりします。

栄養素が満点なはずのペットフードを食べているのに、病院通いが絶えないのは、一体どういうことなのでしょう？

これはフードが悪いというよりも、栄養バランスがとれているということが、食事を摂る上での第一優先順位ではないということではないでしょうか。

しかも、ドッグフードに入っている、耳慣れない栄養素は、実はスーパーで手軽に手に入る、身近な食材に置き換えることができますし（詳しい食材例は拙著『愛犬のための症状・目的別栄養事典』のP140〜141をご参照下さい）、手づくり食はドッグフードと違い、保存料を添加する必要もありません。

つまり、旬の新鮮な食材を使って新鮮な生きた栄養素が摂れる手づくり食の方が〝栄養〟という点でも実は理に適っているのです。

手づくり食を始めて痩せた場合は、人間と同じように、食事量を調整すれば大丈夫です。

犬に野菜を与えても大丈夫なの？

ドッグフードにも入っている野菜は、栄養素豊富で、病気を防いでくれる優れものの食材です。

犬は野菜も食べる雑食動物

　ときどき「犬に野菜を食べさせても、犬は野菜を消化できないから、食べさせる意味は『全く』ありません。だから、犬に野菜を食べさせるなんて、『動物虐待』です。」という極端かつ感情的な主張をする方がいらっしゃいます。

　しかし、現実には野菜を食べたからといって体調不良になることはほとんどありません。むしろ、「口臭・体臭・便臭・尿臭が減りました」という声をよくいただきます。では、なぜ、先の方は「動物虐待」とまでおっしゃったのでしょうか？

　その認識の間違いはちょっとした誤解から生じていると思います。その誤解とは「犬の祖先はオオカミだから肉食だ」という先入観から来ている様です。

　まず、犬は、生物学的には雑食です。人間の伴侶動物として、長い間一緒に生活をする中で、人間の残り物も食べて生きてきました。

　飼い主さんたちの中には、犬は完全肉食動物だから、肉・魚以外を食べると病気になると思いこんでいる人がいらっしゃいます。そもそも、完全肉食動物とはどういう意味かというと、食事の中に動物性食材が入っていないと体調不良になる可能性があるという意味であって、肉・魚以外を食べてはいけないという意味ではないのです。

　また、現在、多くの犬が食べているドッグフードにも野菜が入っています。そのため、野菜や、人間の残り物を食べてはいけないという主張は、非常に矛盾した話なのです。

野菜の消化はみじん切りで解消！

　野菜に多く含まれる「食物繊維」は、確かに消化できません。というのも、食物繊維とは「ほ乳類の消化酵素では消化されない、多様な植物性物質の混合物」のことです。ですから、食物繊維を犬が消化できないのは当たり前ですし、単に消化管を通過するだけなので、負担にもなりません。

　これは、私だけではないと思うのですが、トウモロコシを沢山食べると、翌日の便には、黄色いツブツブが出てきます。しかしそれを発見して「あっ！栄養が吸収できていない…。栄養失調で病気になる…。」と落ち込んだりしません。

　というのも、例えば、100粒食べたとして、100%消化されずに排泄されたと証明するためには、出てきたトウモロコシの粒を数えて、100粒全部出てきたと確認する必要があります。しかし黄色い殻が出ているだけで、中身は吸収されている可能性だってあります。そもそも、そんなことをするよりも、「元気だったら必要なものは足りているんじゃない？」と考えるのが自然です。

　また、犬が散歩中に自分の意思で、特定の草だけを食べに行く話を聞いたことがあると思います。

　最近、野菜に多く含まれる食物繊維は、体の調子を整えるという効果から、重要な栄養素として脚光を浴びています。野菜は食物繊維が多いため消化されませんが、それだけの理由で、野菜を食べさせていけませんというのは極端な話です。

　野菜には、食物繊維以外にも、さまざまな有効成分が含まれているので、食材の消化吸収効率だけで、食材の良し悪しを判断することはできません。

　私は「具だくさんおじゃ」をおすすめしておりますが、煮ることで、野菜の重要な栄養成分が、煮出したスープに出てきます。さらに、全体のかさが減ってたくさん食べられるというメリットがあります。

　食材を切るときには、細かくみじん切りにするか、フードプロセッサーでドロドロにするのがおすすめです。特に小型犬の場合は、大きさに注意してあげてください。

食事量の目安

食事量は、個体によって違います。愛犬にとってベストな量を見つけましょう！

1回の食事量と1日の食事回数の目安

一回分の食事量は、犬の頭の鉢のサイズが、胃の大きさと大体同じなので、まず、それを目安にします。

一日の食事回数や量は、個体によって当然異なります。愛犬に触れ、①背骨の突起が分かるか?②脇腹をなでたとき、ピアノの鍵盤のように肋骨が解るか?③上から見てウエストにくびれがあるか?この3点がそろう適性体型に収まるよう、量や回数を調整して下さい。

1回分の食事量の目安は犬の頭の鉢の大きさを目安に

換算表を利用した場合の食事量の目安

ライフステージ	換算率	食事回数	小型犬	中・大・超大型犬
離乳食期	2	4	生後 6～8週目	生後 6～8週目
成長期前期	2	4	生後 2～3カ月	生後 2～3カ月
成長期	1.5	3	生後 3～6カ月	生後 3～9カ月
成長期後期	1.2	2	生後 6～12カ月	生後 9～24カ月
成犬維持期	1	1～2	生後 1～7年	生後 2～5年
高齢期	0.8	1～2	生後 7年目以降	生後 5年目以降

※ライフステージ別換算表

体重別換算指数表

体重（kg）	換算率	体重（kg）	換算率	体重（kg）	換算率
1	0.18	31	2.34	61	3.88
2	0.30	32	2.39	62	3.93
3	0.41	33	2.45	63	3.98
4	0.50	34	2.50	64	4.02
5	0.59	35	2.56	65	4.07
6	0.68	36	2.61	66	4.12
7	0.77	37	2.67	67	4.16
8	0.85	38	2.72	68	4.21
9	0.92	39	2.77	69	4.26
10	1.00	40	2.83	70	4.30
11	1.07	41	2.88	71	4.35
12	1.15	42	2.93	72	4.39
13	1.22	43	2.99	73	4.44
14	1.29	44	3.04	74	4.49
15	1.36	45	3.09	75	4.53
16	1.42	46	3.14	76	4.58
17	1.49	47	3.19	77	4.62
18	1.55	48	3.24	78	4.67
19	1.62	49	3.29	79	4.71
20	1.68	50	3.34	80	4.76
21	1.74	51	3.39	81	4.80
22	1.81	52	3.44	82	4.85
23	1.87	53	3.49	83	4.89
24	1.93	54	3.54	84	4.93
25	1.99	55	3.59	85	4.98
26	2.05	56	3.64	86	5.02
27	2.11	57	3.69	87	5.07
28	2.16	58	3.74	88	5.11
29	2.22	59	3.79	89	5.15
30	2.28	60	3.83	90	5.20

（例）生後 4 カ月の成長期・体重 8kg の場合

ライフステージ別換算表の指数は 1.5。

体重別換算指数表の指数は、体重 8kg の場合は 0.85 となります。

基準となる体重 10kg の成犬の 1 日に必要となる食事量は 400g なので、

400g × 1.5 × 0.85 = 510g

このように、それぞれの換算表の指数を掛けるだけで各材料の分量も算出できます。

たとえば、基準となるおじやのごはんの量が 100g とすると、

100g × 1.5 × 0.85 = 127.5g

同じ方法で他の材料についても算出できるので、目安にするといいでしょう。

CONTENTS

3章

1章

犬に積極的に食べさせたい食品
避けたい食品

犬の食事は具だくさんおじゃが基本

基本といっても、むずかしいことはありません！　早速作ってみましょう！

手づくり食の基本って何？

　糖質が脂肪に変わるように、栄養素は必要に応じて体内で作り変えられます。ですから、いろいろな食材を食べていると身体が栄養失調になりにくいのです。特別なレシピでなくとも、左にある3群の食材をまんべんなく入れておくとよいでしょう。

　好き嫌いがあると、万が一病気になって、食べられるものが限られた場合、体調維持が難しくなるので、偏食はどこかで軌道修正してください。

食材早見表の使い方

　左にある食材早見表は、身近に手に入る食材を1〜3群プラスおやつに分けたものです。

　各群の食材を参考に、冷蔵庫の中にあるものや、スーパーのチラシに載っているお買い得品の中から食材を選ぶ際に役立てて頂きたいと思います。

　食材は、旬で新鮮なものを選びましょう。分量を厳密に量る必要はありません。食べ残しても大丈夫なので、心配しないでください。

ごはんは作り置きして大丈夫？

　手づくり食は、休みの日などにまとめて作って、冷蔵・冷凍保存しても大丈夫です。「冷蔵・冷凍すると栄養素が減ると聞いて不安です」とよく聞かれますが、診療経験上大丈夫です。

　また、保存する場合は、プラスチック容器やチャック付き冷凍バッグ等入れ、冷蔵したものは2〜3日以内に与えるようにしましょう。作り置きしたごはんは、人肌程度に温め直して食べさせてください。

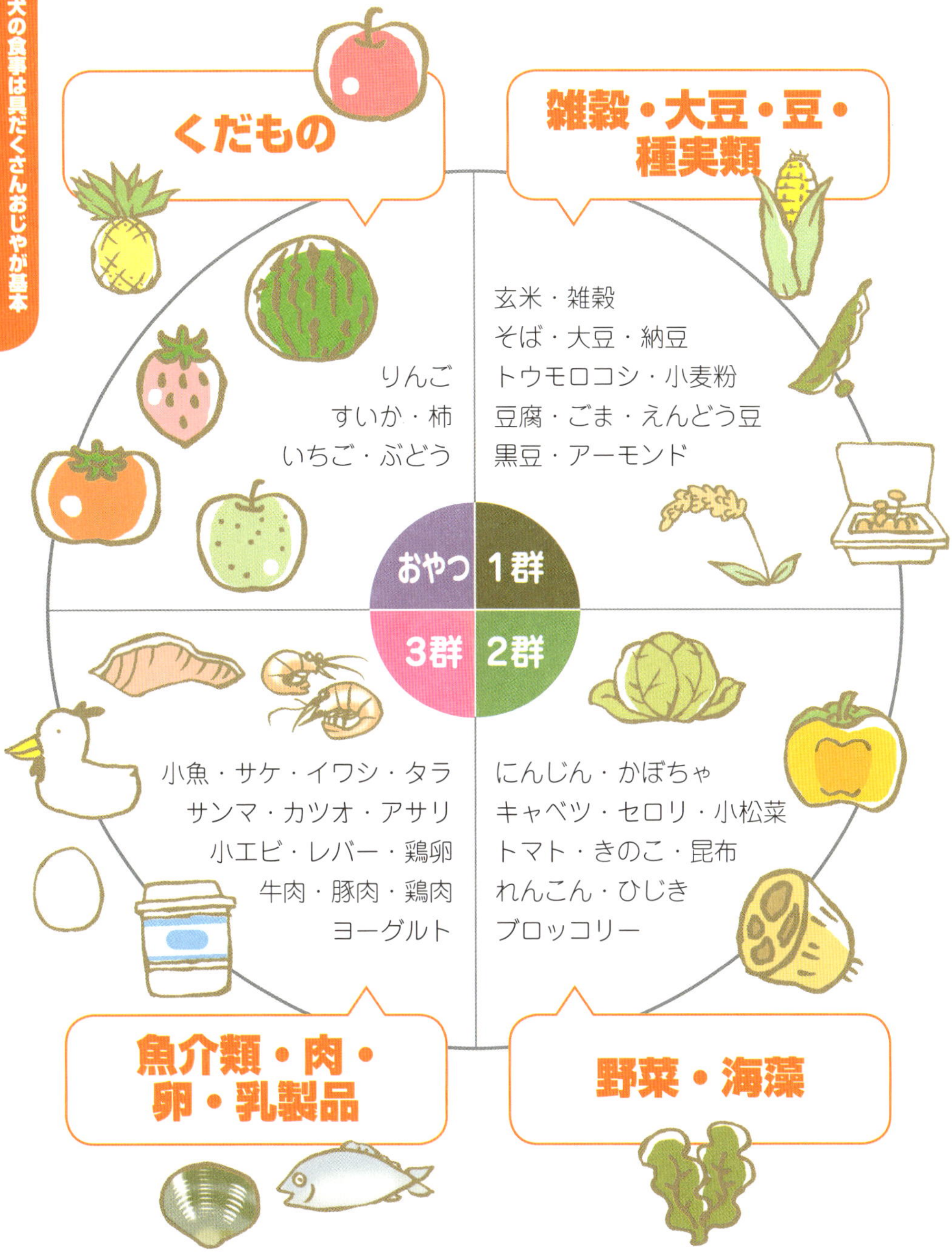
くだもの
りんご
すいか・柿
いちご・ぶどう
雑穀・大豆・豆・種実類
玄米・雑穀
そば・大豆・納豆
トウモロコシ・小麦粉
豆腐・ごま・えんどう豆
黒豆・アーモンド
おやつ
1群
3群
2群
小魚・サケ・イワシ・タラ
サンマ・カツオ・アサリ
小エビ・レバー・鶏卵
牛肉・豚肉・鶏肉
ヨーグルト
にんじん・かぼちゃ
キャベツ・セロリ・小松菜
トマト・きのこ・昆布
れんこん・ひじき
ブロッコリー
魚介類・肉・卵・乳製品
野菜・海藻

病気を寄せつけなくする食事

病気を寄せつけない食事は、水分&食物繊維&生きた栄養素をたっぷり摂るのが基本です!

水分の多い食事で毒素排泄を心がける

症状が出る大きな理由は、白血球が放出する発熱物質や、炎症物質などの影響です。

白血球の働きは「異物の排除」ですから、症状があるということは、体内に何か排除しなければならないものがあるということでしょう。

病気になる原因の中に、化学物質や重金属の体内蓄積、病原体への感染、肉体的・精神的ストレス等があります。

化学物質や重金属の蓄積と病原体への感染による症状は、体内の異物を排除できれば、症状の緩和もしくは改善につながる可能性が出てきます。この様にして蓄積量が少なくなってくると、病気になりにくい体を作ることができます。

こんなことを申し上げると、「口から変なものを入れてはいけない…」と不安になるかもしれませんが、大気汚染もあり、それをゼロにすることは出来ません。一番現実的なのは、口から入ってもすぐ排泄できる身体にすることではないでしょうか。

体内に溜め込んだものを排泄するルートは、呼吸や排尿、排便です。散歩をすることで気体の排泄はされていますが、散歩の際、愛犬のオシッコの色は気にかけていますか? もしオシッコが濃い黄色であれば、老廃物の排泄が充分に出来ていないサインかもしれません。

重要なのは、「何の栄養素を摂取するか?」ではありません。全部必要です! それ以上に、水分の多い食事を摂って、十分な運動をして代謝を上げ、老廃物を排泄することです。

だしの出たスープが喜んで食べる秘訣！

ドッグフードから手づくり食に変えて、病気が良くなったという話をよく聞きますが、その大きな理由は、水分量が増えたことだと思います。

その他、春には体の新陳代謝を高め、毒素を排泄する効果のある食材、夏は水分が多く暑さから体を守る食材、秋も春と同様に体の浄化をする食材、冬には寒さを防ぎ、体を温める食材を摂るよう心がけます。

むずかしく考える必要はありません。旬の食材を使えば、必要な栄養や注目成分は自然と摂れるようになっています。

このように、自然の流れに合った食生活をしていれば、毒素を排泄し、抵抗力のある体を作れるようになっているのです。

それに加えて、毒素の排泄を助ける食物繊維が豊富な食材や、ポリフェノールやフラボノイド、β―カロテンなどのファイトケミカルを豊富に含む野菜をたっぷり使うことで、病気になりにくく、仮に病気になっても治りやすい身体作りができます。

また、手作り食を作るときには、ただ水を多めに足すのではなく、栄養がたっぷり摂れる全体食品の小魚や小エビ、海藻の昆布、しいたけなどを使って、だしを取ったスープを与えることを意識してみましょう。

ときどき、野菜の農薬が不安だという方がいらっしゃいます。この件は、使う前によく洗うことで解決できるはずです。

それと、ある食材が病気に効くというウワサを聞き、何かひとつの食材だけを与えるのは、よくありません。特定の食材を一種類だけ沢山摂っても、何かが不足することになります。すぐには体調不良にはならないと思いますが、いろんな種類の材料を、まんべんなく使うことが理想です。

たとえば、1、2群の食材の中から穀類・豆類・野菜・海藻などと、複数の食材を入れ、3群の食材は、だしの役割を果たすため、ダイエット中の子も、少量は入れてあげて下さい。

果物は生のまま食べることで、ビタミンなどの栄養素がそのまま摂れます。喉に詰まらせないように、小さく切っておやつにあげるとよいでしょう。

免疫力を上げる食事

発酵食品、体を温める食品、全体食品、粘膜強化食品を積極的に摂って免疫力アップ!

栄養は食材から直接摂取しよう

免疫力はもともと「『自分以外の異物』を自分から排除するためのシステム」です。この力のおかげで、異物が目から侵入しようとすると涙や目ヤニとして排除するし、鼻から侵入しようとすると、くしゃみ鼻水、咳などが出たり、口から入れば嘔吐・下痢、といった症状が出ます。ですから、これらの症状は「病気」ではなく、「異物が存在している」というサインです。

よく「免疫力を高めるサプリメント」の話がありますが、その多くは「試験管内で、白血球にその成分で刺激をしたら、白血球の活動レベルが上がった。」という研究報告が根拠となっているようです。

それはそれとして、単一成分のサプリメントより、複数の栄養素が含まれていて、「薬膳」等、長い実践の歴史を経てきた食材を、犬にも活用してはいかがでしょうか。

発酵食品は、腸内細菌を調整し、腸内環境を整えて、免疫力強化をサポートしますし、身体を温める根菜類は、東洋医学で言うところの「冷えからくる病気」対策のために取り入れたい食材です。体温が1度上がると、免疫力は5～6倍もアップするといわれています。

丸ごと食べる全体食品は、食材に含まれる全ての栄養素と生命力を頂くことができます。

また、粘膜を強化する食材は、粘膜の免疫力強化をサポートしてくれます。

ぜひチャレンジしてみてください。

全体食品

全体食品とは、食品を丸ごと全部を食べて、多くの栄養素をとるという考え方。全体食品には生きるために必要な栄養素が丸ごと含まれているため、免疫力をアップしてくれます。

玄米・雑穀

玄米は豊富な栄養素を含み、雑穀は体力増強に◎

小魚・小エビ

小魚には抗酸化作用、小エビには解毒作用もある

豆類

脂質が少なく、良質な植物性たんぱく質を含む

発酵食品

排便を促し、腸を健康にする発酵食品には、食材本来の栄養素と、発酵を進める微生物の有効成分、発酵過程でできる酵素の３つの有効作用があり、免疫力アップに効果的

納豆

整腸作用がある納豆は加熱せず、トッピングで

ナチュラルチーズ

乳酸菌と酵素が豊富。低カロリーのカッテージチーズも◎

ヨーグルト

カルシウム源のヨーグルトは、おやつにおすすめ！

粘膜を強くする食品

粘膜強化は感染防御のための重要ポイント。ビタミンＡ（β−カロテン）、ビタミンＣ、ムチン、フコイダンを積極的にとって抵抗力ある体をつくりましょう。

ビタミンA（β−カロテン）

緑黄色野菜に多く含まれ、免疫力UPに効果的

ビタミンC

抵抗力がつく。キャベツやブロッコリーに多い

ムチン

オクラや山いもなどのネバネバ食品から摂取！

フコイダン

海藻に含まれるヌルヌル成分が、粘膜を強化

体を温める食品

体の冷えは血流障害を引き起こし、免疫力を低下させて体を発がん体質にします。体を温めるには、冷たいものを食べないのはもちろんのこと、根菜類などを積極的にとることです。

れんこん

主成分のデンプンが体を温め、ビタミンCが豊富

ごぼう

食物繊維を多く含み、整腸作用、抗酸化作用がある

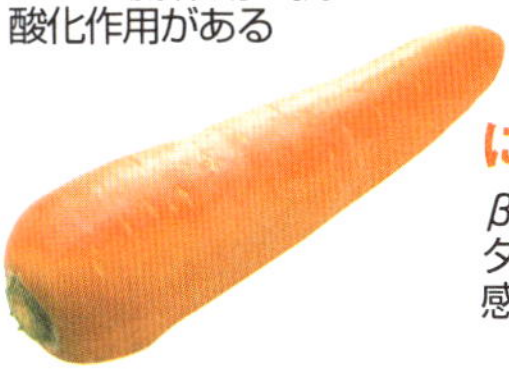

にんじん

β−カロテンとビタミンCが豊富。感染症を予防

植物性たんぱく質を積極的に摂る

植物性たんぱく質は、ダイエット中の子や、肉・魚などのアレルギーのある子におすすめです。

植物性たんぱく質は低脂質・高たんぱく

なぜたんぱく質を口から摂取することが不可欠なのでしょうか？　筋肉や骨、皮膚の成分として、また、抗体や酵素などもたんぱく質です。身体の構成要素であることの他に、健康維持に不可欠な「窒素」を含む栄養素はたんぱく質だけという特別な理由があるのです。

　このたんぱく質の主な供給源は、動物性食材と植物性食材があります。植物性食材は、動物性食材に比べて脂質が少なく、ダイエット中の子に人気です。

　しかし、飼い主さんの中には、「植物性食材だけでは体を維持できないのでは？」と心配なさる方もいらっしゃいます。

　しかし、昔、山間部に住んでいた人たちは、豆を食べて体を維持していましたし、犬でも、アレルギーや抗がんなどの理由からベジタリアンの様な生活を送っている子がいますが、その子達は肉や魚を食べずとも、甘みのあるかぼちゃやにんじんが入ったおじやをおいしく食べて、健康を維持しています。ですから、植物性食材で体が維持できないということはありません。もちろん、人間と違って咀嚼時間が少ないので、フードプロセッサーなどで細かく刻むなどの工夫をしましょう。

　犬はお肉が好きなので、ダイエット中の子でも、脂肪の少ない鶏胸肉やササミを少量摂る分には構いません。

　また最近では、大豆加工食品で、テンペや大豆ミートといった、お肉代用品があります。

ダイエットや病後に おすすめなたんぱく質源

納豆・大豆製品

大豆は「畑の肉」と呼ばれ、良質なアミノ酸を含んだ、高たんぱく・低カロリーの食材です。

納豆は菌が多く、免疫力を強化するので、毎日与えたい食材です。納豆菌は熱に弱いため、完成したごはんに混ぜてあげてください。

豆腐や油揚げは、疲労を回復するビタミンB_1や強い抗酸化作用を持つビタミンEが豊富です。特に豆腐は低カロリーで、ダイエット中や糖尿病の子におすすめです。

テンペ・大豆ミート

テンペや大豆ミートは、ダイエット中や食物アレルギーでお肉を禁止されている子におすすめしたい食材です。

テンペや大豆ミートは見た目や食感が肉にとても似ているため、犬は「お肉だ！」と思って喜んで食べてくれるのです。

大豆ミートには、そぼろ状になっているものもあるため、ハンバーグにしたり、おだんごにしてあげると犬が喜びます。

鶏胸肉・ササミ

鶏胸肉やササミは、皮を取り除いて使用すると、脂肪をカットしながらたんぱく質を摂ることができる食材です。

牛肉や豚肉に比べて脂肪分が少なく、肉質もやわらかいため、ダイエットや病後の滋養食としてもおすすめです。

必須アミノ酸がバランス良く含まれており、その中の一成分であるメチオニンは肝臓に脂肪が溜まるのを防いでくれます。

病気予防の強い味方。食物繊維

食物繊維が豊富な食材は、体に溜まった毒素を吸着し、体外へ排出してくれる優れものです！

毒素の排泄を助け免疫力を高める！

昔から「腸の弱い子は身体も弱い」といわれております。

「確かにうちの子はスグ下痢をしたり、便が軟らかくなったりします。でも、どうしたらいいの？」というご質問をよくいただきます。

腸の問題は、腸内細菌の適正化、自律神経系の調整などがありますが、飼い主さんが簡単にできる方法として、「食物繊維量を増やす」という方法があります。

ときどき「犬は食物繊維を消化できないので胃腸に負担がかかるから、食べさせるのは動物虐待です。」という、不思議な主張をみかけます。そもそも食物繊維とは「ほ乳類の消化酵素では消化されない、多様な植物性物質の混合物」のことです。ですから、食物繊維を犬が消化できないのは当たり前ですし、人間同様、負担にもなりません。

食物繊維には、便のかさを増す、腸を刺激する、不要な成分をくっつけて排泄する、腸内細菌のエサになる等、様々な効果が期待できます。

食物繊維の摂取量を増やすと真っ先に変化するのが「便質」で、硬さ、便通が良くなります。

手づくり食を始める前は、肉しか食べなかった子が、野菜を沢山入れた手づくり食を食べるようになって、便臭や体臭が減るケースがよくあります。

食物繊維の摂取量を増やして解決しない場合は、下痢止めでお茶を濁すのではなく、食事では解決できない原因が体内にあるはずなので、それを獣医師に探ってもらってください。

体に溜った毒だしなど免疫力アップ効果に期待！

きのこ類

きのこは、腸の働きを整える食物繊維を多く含みます。その他に、きのこが含む栄養素として、特に注目したいものはβ-グルカンです。β-グルカンは、白血球の機能を高めてくれるため、免疫力アップに有効です。

きのこ類を調理するときは、細かく刻んで、煮出して使うようにしてください。というのは、きのこの有効な成分の多くが、煮出した汁に出てくるからです。

海藻類

ひじきやわかめ、昆布などの海藻類には、免疫力をアップするといわれるフコイダンなどの、ヌルヌル成分が含まれています。

また、海藻はカルシウムが豊富なため、普段の食事にぜひ取り入れたい食材です。乳製品アレルギーの子にも、おすすめです。

海藻類もきのこ同様、できるだけ細かく切って煮出し、海藻の中に入っている栄養素を汁へ出して食べさせてあげて下さい。

緑黄色野菜

かぼちゃやにんじんなど、甘い味がする緑黄色野菜は、多くの犬が好きで、よく食べます。食欲のない子には、食が進むため、必ず入れてほしい食材です。

ファイトケミカルを多く含むため、抗酸化作用があり、活性酸素を除去し、がん予防に効果があります。また、β-カロテンを多く含むため、免疫力を強化し、老化を防ぐことができます。毎日食べさせ、健康維持に役立てましょう。

ファイトケミカルの抗酸化作用に注目

動物にはない植物独自の栄養素＝ファイトケミカルには、病気の予防や健康維持の働きがあります。

ファイトケミカルには強い抗酸化作用がある

一般的に、活性酸素が老化や生活習慣病、がんの原因といわれており、「若返りの秘訣は抗酸化物質」などといわれております。しかし、何の理由も無く活性酸素が出るわけがありません。何か「異物」が体内に侵入してきたから、白血球が排除しようとして活性酸素を放出しているのかもしれません。

また、紫外線は皮膚がんの原因になるといわれておりますが、紫外線を浴びたことで体内の活性酸素量が増え、その結果として遺伝子が傷つく確率が高くなります。もちろん、遺伝子が傷ついたとしても修復されるのですが、あまりにも傷つく数が多くなると、修復が追いつかなかったり、修復ミスが生じたりします。そして、細胞増殖に関係する遺伝子が傷つき、修復されないと、細胞ががん化する可能性が出てきます。

では、植物はどうやって身を守るのでしょうか？　植物は根を生やした場所から動けないからこそ、抗酸化物質や抗病原体物質などを自らの身体に備えており、これらの物質の中にはファイトケミカルと呼ばれる成分があります。ファイトケミカルは、P29の表に示したとおり、果物や野菜の色素、辛味成分に含まれます。過去に、アメリカ国立がん研究所は、ファイトケミカルを特定し、加工食品に加える目的で、デザイナーフーズ計画が実施され、がんに有効性があると考えられる野菜類が40種類ほど公表されました（P31参照）。参考にしてみて下さい。

注目されるファイトケミカル

成分名	効果・効能	含まれる食品
フラボノイド	多くの植物性食品に含まれるフラボノイドは、強い抗酸化作用が特徴。動脈硬化予防、抗血栓作用、生活習慣病、抗ウイルス作用などがある。	セロリ、パセリ、春菊、ピーマン、そば、ブロッコリー、大根など
リコピン	トマトなどに含まれる赤色成分で、活性酸素除去作用がβ-カロテンの2倍、ビタミンEの100倍の抗酸化作用があり、がん抑制に威力を発揮。	トマト、柿、すいか、グレープフルーツ（ルビー）など
アントシアニン	さつまいもの皮などに含まれる青紫色の色素。活性酸素を抑制し、細胞の老化を防ぐため、抗炎症作用や解毒作用があり、免疫力アップと抗がん作用に期待大。	なす、赤キャベツ、紫いも、ブルーベリー、ぶどう、すいかなど
イソフラボン	大豆製品に含まれるイソフラボンは、女性ホルモンのバランスを整える作用があるため、乳がん予防に効果的。がんによる新生血管の阻害活性や抗酸化作用がある。	大豆、きな粉、納豆、豆腐、油揚げ、味噌など
ルテイン	ほうれんそうや、ブロッコリー、からし菜、芽キャベツなど、緑色の野菜に多く含まれるルテインは、抗酸化作用のほかに、老化防止や視力維持作用も併せ持つ。	ほうれんそう、ブロッコリー、芽キャベツ、とうもろこし、そば
アスタキサンチン	主に魚介類に含まれ、さけやえびなど、赤い色素を持つものが多い。強力な抗酸化作用が特徴。免疫力アップや抗がん作用、動脈硬化の改善、糖尿病予防に◎。	さけ、えび、たい、いくら、かになど
イオウ化合物	イオウ化合物は、強い抗酸化作用と殺菌作用があり、活性酸素を除去し、発がん物質の毒性を消す。体を温め、血液をサラサラにするため、血栓防止効果もある。	にんにく、キャベツ、大根、ブロッコリーなど
β-カロテン	黄・赤・橙色が特徴のβ-カロテン。緑黄色野菜に多く含まれ、体内に入るとビタミンAとして働き、粘膜を強化するので免疫力を高める。活性酸素の除去作用も有。	にんじん、かぼちゃ、ほうれんそう、モロヘイヤ、しゅんぎくなど

デザイナーフーズ

抗酸化物質を多く含むデザイナーフーズを、毎日の食事にうまく取り入れましょう！

ローテーションで毎日1品入れてみよう

がんによる死亡者の増加が深刻になった1990年、アメリカのがん国立研究所が中心となり、植物性食品を対象にしたがん予防に効果のある食材を研究する「デザイナーフーズ・プロジェクト」が立ち上がりました。

その結果、がん予防の可能性がある食品約40種類が、左の図のようなピラミッド形式で発表されました。ピラミッドの上にいくほど、がん予防の効果が高くなると考えられています。

デザイナーフーズは、免疫力を高める抗酸化物質を多く含むため、日常生活の中で、左の図を参考にしながら、これらの食材を、1週間の中にローテーションでいろいろと取り入れることで、病気になりにくく、もし、病気になっても回復の早い身体作りに役立つと考えます。

ただし、ある特定の食材を食べればがんが治るということではありません。たとえば、しょうががよいと聞くと、しょうがを大量に与えるケースがありますが、そうやって作った食事を自分で食べてみればわかるように、度が過ぎると、ひどい味になります。

よいと言われる食材も、たくさん与えればいいというものではありません。おじやの具として、様々な種類の野菜を取り入れたバランスのよい食事を、おいしく食べさせてあげることが、免疫力を高める秘訣です。

何を使えばよいか迷ったときは、キャベツやにんじん、大豆など、重要度が高いとされている野菜の中から、犬が好む食材を使ってみてください。

がん予防の可能性のある食品

白血球数を増やす野菜

①しその葉　②しょうが　③キャベツ

サイトカイン分泌能力のある野菜

①キャベツ　②なす　③ダイコン　④ホウレンソウ　⑤キュウリ

サイトカイン分泌能力のある果物

①バナナ　②スイカ　③パイナップル　④ブドウ　⑤梨

デザイナーフーズリスト（がん予防の可能性のある食品）アメリカ国立がん研究所発表

犬に食べさせてはいけない食品

「これって犬に食べさせていいの?」と迷ったときは、このページで確認をしましょう

香辛料

香辛料をわざわざ食べさせなくてもいいのですが、インド人の方にうかがうと、「インドでは犬でもカレーを食べる子は珍しくない」そうです。実は私の実家の近所で飼われていた犬たちもカレーは食べていました。ですから、香辛料の入ったものを食べると必ず具合が悪くなるという話には疑問が残ります。

中にはデリケートな子もいるでしょうから、あえて食べさせるものではありません。

お菓子

犬は甘いものが好きなので、お菓子を与えると喜んで食べますが、糖分を多く含むお菓子を過剰に与え続けると、肥満や糖尿病など、生活習慣病の原因になる恐れがあります。

また、チョコレートに含まれるテオプロミンは、心臓や中枢神経系を刺激し、ひどい場合はショック状態を引き起こすことも！　おやつには甘い野菜を活用するなどして、お菓子はできるだけ控えましょう。

消化の悪いもの

甲殻類(イカ、タコ、カニ、エビなど)は、消化されずらい食品なので、下痢の原因になることがあると言われておりますが、魚介類の消化率を調べると、他の魚類と大差ないほど消化率がよい様で、何の問題もない子が多いのも事実です。また、購入先で反応が変わる子もいました。結局、犬は全てという話ではなく、「苦手な子もいる」という話で、アレルギーのある子は気をつけて下さい。

ねぎ類

全ての犬がそうだというわけではないのですが、ねぎ類（長ねぎ、玉ねぎ、あさつき、しょうが、ニラ、らっきょう、にんにくなど）には、赤血球を破壊する成分が含まれているため、食べると赤血球が破壊され、貧血を起こす「玉ねぎ中毒」になる犬がいます。もちろん、常食して何ともない子もいます。

仮に食べて貧血になったとしても、その後食べさせなければ通常大丈夫なのですが、中には一回食べただけで亡くなる子もいます。「うちの子」の反応は「食べさせてみないと解らない」ので、積極的に食べさせる様な食材ではありません。

消化器を傷つけるもの

昔からよく「加熱した骨は鋭利に割れるため、のどや消化器を傷つける可能性がある」と言われておりますが、獣医師に聞いてみるとわかりますが、かなり大きな動物病院に勤務している獣医師でも「そんなケースは経験したことがない。それよりも竹串の方が圧倒的に多い！」と言われることが多いはずです。

この他に、魚の硬い骨も無理に食べさせなくていいでしょうし、硬いものを噛ませたいならば木材やおもちゃをかじらせるのが良いでしょう。

ちなみに、ミネラル摂取が目的ならば、海藻や野菜からも摂取することができます。

その他

じゃがいもの芽には、ソラニンという中毒を誘発する物質が含まれています。しかしこれは人間にも害があるのと同様、犬にも食べさせてはいけません。

また、古くなったジャガイモを台所で発見した後に放置した結果、知らないうちに愛犬が誤って食べていたという「事故」も気をつけて下さい。

また、生卵の白身に含まれているアビジンは、ビオチンの吸収を妨げて皮膚炎などの原因になるという話ですが、これは人間でも同じなので、だとしたら「卵かけごはん」がブームになるわけがありません。実際には起こらないと考えていいでしょう。

デリケートな時期には避けた方がよい食品

肉を白身魚に変えてみる

原因はわからないのですが、当院の診療では、肉を魚にすると体調が良くなったり、牛肉を鶏肉にしたら良かった、魚も養殖物を天然物にしたら腫れが引いた、鶏肉を地鶏にしたら元気になった、脂身を減らしたら良かった、逆に脂身を増やしたら良かった、というケースがありました。

もちろん、この反応は個々やケースで異なるので合う合わないは個別に判断するしかありません。ぜひ、食材の選択に精通した獣医師に相談してみてください。

加工食品

加工食品の中には、添加物や保存料などが大量に加えられているものもあります。加工食品がすべて悪いとは言いませんが、何が含まれているかわからないものや、生産地不明なものは、避けた方がよいでしょう。食材に限らず、おやつも同様と考えてください。

赤身の魚

マグロやカツオなどの赤身の魚は、食物連鎖の上の方にいるため、化学物質や重金属の濃縮が気になるという方がいらっしゃいます。魚が好きな子で、どうしても魚をあげたいときは、白身魚（ヒラメやタラ、サケ等）や小魚を選びましょう。サケは、赤い色をしていますが実は白身魚で、赤い色はアスタキサンチンと呼ばれる抗酸化物質で、がんに効果的だといわれております。

2章

1群 穀類・大豆・豆類・種実類

穀類・大豆・豆・種実類の栄養素

1群は全体食品の宝庫！

植物は、種から発芽して成長するため、種実の部分には成長に必要なすべての栄養素が含まれています。

具体的には、ミネラルやたんぱく質、ビタミン、食物繊維などはもちろん、免疫力を高めたり、毒素を排泄する効果を上げる成分や、代謝を高めたり、健康な体を作るのに欠かせない栄養素が種にすべて含まれているのです。つまり、1群に属する、穀類・大豆・豆・種実類は、単品でさまざまな栄養素が摂れる全体食品なのです。

そのため、成長に必要なありとあらゆる栄養素が摂れるこれらの食材を、日常の食生活に積極的に取り入れてもらいたいのです。

「材料をいろいろと考えるのが面倒」という方は、1群の中から3～4種類、何か特定の食材を決めて、ストックしておくと便利でしょう。たとえば、玄米・雑穀・小豆と決めたら、すべてブレンドして炊飯器で一緒に炊くこともできるため、迷わず、ラクにごはんを作ることができます。

栄養バランスがどうしても気になる方でも、白米だけ食べるということをしなければ、栄養失調になるということはありませんし、バランスが崩れるということもありません。

精白された米に比べ、胚芽が残っている玄米は、ビタミンB群やビタミンE、抗酸化物質フィチンや、腸内環境を整える食物繊維など、健康な体作りに必要な栄養素が詰まっています。これは、小麦も同様です。

消化吸収されやすく調理するのが大事

玄米を食べると、便の中に胚芽や殻が出てくるのが心配という飼い主さんもいらっしゃると思います。

しかし、当院に来る飼い主さんたちから、「便の中に胚芽や殻が出てきても、うちの子はちゃんと元気に成長しています。血液検査でも問題ありませんでした」という声をたくさんもらっています。

私のこれまでの経験上では、玄米を食べた結果、栄養失調になったというケースを見たことがありません。

けれども、玄米は消化しづらい子もいるので、炊飯器の玄米モードを使って炊いたり、鍋を使う場合は、多めの水で柔らかく煮込んだり、フードプロセッサーでドロドロにして与えるなどの工夫をするとよいでしょう。

また、玄米や穀類の代わりに、いも類や豆類の分量を増やしても構いません。おじや以外のメニューでは、そばがおすすめです。そばには、動脈硬化を防ぎ、血流を促進するルチンが特に多く含まれています。

大豆は植物性たんぱく質が豊富なので、肉や魚の代わりの食材として重宝します。穀類同様、柔らかく煮込んで使いましょう。

大豆製品の中でも、納豆は発酵食品のため、加熱するとせっかくの菌が死んでしまいます。おじやができあがった後に、混ぜて与えてください。

豆やごまには、黒豆や黒ごま、小豆、緑豆など、色つきのものがあります。色のついている食材は、ファイトケミカルが多く含まれているため、食材を選ぶ際の基準として、色つきのものを選ぶという方法もあります。

ごまは、すりつぶしたほうが消化吸収されやすくなるため、すりこぎでつぶすか、フードプロセッサーや、ミルサーなどで粉々にしてから使いましょう。

1群の食材は、一度にまとめて炊いて、小分けにして冷凍保存をしてもOKです。おじやを作る際、必要な分を解凍し、冷蔵庫に残った緑黄色野菜やいも類などと一緒に煮込むとすぐに使えて便利です。

玄米など精白していないものは残留農薬が心配という方は、無農薬栽培や有機栽培のもの使いましょう。

生命が宿る胚芽に多彩な栄養素が満載

1群

玄米

主な栄養素	栄養評価	100g中含有量
ビタミン B_1	🐾🐾	0.41 mg
ビタミンE	🐾	1.2 mg
食物繊維	🐾🐾	3.0 g

■効能■

- 食物繊維 **便秘解消**
- ビタミン B_1 **疲労回復**
- ビタミンE **がん予防**
- リノール酸 **動脈硬化予防**

栄養と薬効

玄米の胚芽には、さまざまな栄養が残っているので、是非使いたい食材です。玄米を発芽させると、ビタミン B_1 やビタミンEの含有量が増えるので、発芽させて使うのもよいでしょう。

種に含まれる油の酸化を防ぐために含まれているビタミンEは、老化防止や生活習慣病の予防に役立ちます。また、ビタミン B_1 は、成長促進や、疲労回復、糖質をエネルギーに変えてくれる効果があります。

さらに、食物繊維を含むので、腸壁を刺激することで便通が良くなる効果や、善玉菌の数を増やす作用もあるため、がん予防にもなります。

Dr.須崎のワンポイントアドバイス

レスキューされ、当院に来ていたある子は、ひどく衰弱し、ドッグフードを出してもまったく食べませんでした。

たまたま、その飼い主さんの家では、玄米を食べていたので、玄米を与えてみたところ、なんと、がっついて食べ始めたのです。その後、3日間は下痢をしていたのですが、当の犬はとても元気で、寄生虫を出しきったら、下痢は驚くほどにピタッと止まったのです。

それ以降、筋肉もつき、嫌がっていた散歩も喜んで行くほど元気になりました。

玄米は栄養満点なので、このケースのような虚弱体質の子にも有効な食材です。

玄米（食物繊維）

ごぼう（オリゴ糖） ＋ 味噌（乳酸菌） → **便秘改善**

玄米（ビタミンE、フィチン酸）

にんじん（β-カロテン） ＋ トマト（リコピン） → **がん予防**

玄米（リノール酸、食物繊維）

アサリ（タウリン） ＋ 大豆（大豆サポニン） → **動脈硬化予防、血中コレステロールを減らす**

がん予防の栄養素がたっぷり！柔らかく煮こんで消化を助けましょう。

『玄米トマトリゾット』

材料

- **1群** 玄米ごはん（炊飯済）
- **2群** トマト缶、にんじん、かぼちゃ、芽ひじき、まいたけ、パセリ
- **3群** 鶏肉
- **その他** オリーブオイル

つくり方

1. 野菜、鶏肉を食べやすい大きさに切る。
2. 鍋にオリーブオイルを熱す。
3. **2**に玄米ごはん、**1**、芽ひじき、具材がつかるほどの水を加え野菜がやわらかくなるまで煮る。
4. 最後にパセリを散らす。

疲労を回復し、肝機能を丈夫にする優れもの

雑穀（アワビ・キビ・ひえ・ハトムギ）

主な栄養素	栄養評価	100g中含有量
たんぱく質	🐾🐾🐾	**9.7g**
ビタミンE	🐾	**1.3mg**
食物繊維	🐾🐾🐾	**4.3g**

■効能■

必須アミノ酸
肝機能強化

ビタミンB群
夏バテ予防

コイキ酸
免疫力アップ

ビタミンB_1
成長促進

栄養と薬効

雑穀は種実の中でも、必須アミノ酸とビタミンB群が豊富です。調理が非常にラクで、プチプチした食感や舌触りが好きという子も多いようです。

アミノ酸が多く含まれているため肝機能を助け、ビタミンB_1はエネルギー源となり、成長を促進します。

雑穀は消化できないので、犬には良くないという話がありますが、それはウソです。もし、消化が悪いようでしたら、炊き方が足りずに、雑穀が硬いままの可能性があります。

玄米などと一緒に混ぜて、炊飯器や圧力なべなどを使い、やわらかく炊いてあげれば、問題ありません。

Dr.須﨑のワンポイントアドバイス

家族で雑穀を食べていますが、犬には白米を炊いていますというお宅が結構あります。けれども、人間が食べて問題のないものは、犬が食べても基本的に問題はないため、人と同じものをあげても大丈夫です。

雑穀をたくさん与え過ぎるとお腹を壊すということがありますが、フードプロセッサーなどを使い、細かくすりつぶしてあげることで克服できるため、特に問題はありません。

漢方では、ハトムギはヨクイニンと呼ばれ、万能薬として処方されてきました。雑穀の中から何を選ぼうか迷ったときは、ハトムギを優先して摂るとよいでしょう。

百科事典

雑穀（ビタミンB群、必須アミノ酸）

＋ 豚モモ肉（亜鉛） ＋ シジミ（タウリン） → **肝機能強化、肝細胞の再生**

雑穀（ビタミンB群）

＋ やまいも（ムチン） ＋ ウナギ（ビタミンA） → **夏バテ予防、解消**

ハトムギ（コイキサン）

＋ かぼちゃ（β－カロテン） ＋ しょうが（ジンゲロール） → **免疫力アップ**

ハトムギと緑黄色野菜の組み合わせで解毒・免疫力UP

『ハトムギとかぼちゃのクリーム煮』

材料

- **1群** ハトムギ、豆乳
- **2群** かぼちゃ、にんじん、ブロッコリー、しいたけ、しょうが
- **3群** タラ
- **その他** オリーブオイル

つくり方

1. 野菜、タラを食べやすい大きさに切る。
2. 鍋にオリーブオイルと少量のしょうがを入れ香りが出るまで炒める。
3. **2**にハトムギと**1**を加えよく炒めたら、具材がかぶる程度に水と豆乳を1：1で加え、野菜がやわらかくなるまで煮込み、最後にブロッコリーを加える。

全粒粉でミネラル補給！　下痢をしやすい犬にもおすすめ

1群

小麦粉

主な栄養素	栄養評価	100g中含有量
ビタミンB_1	🐾	**0.34mg**
亜鉛	🐾🐾	**3.0mg**
食物繊維	🐾🐾🐾	**11.2g**

効能

ポリフェノール類　がん予防

食物繊維　便秘改善

ビタミンB_1　体力回復

セレン　動脈硬化対策

栄養と薬効

小麦粉を使うと、お好み焼きやちぢみ、ホットケーキなどといった、おじや以外のメニューも作れるため、愛犬も飽きずにごはんを食べられます。いろいろな野菜を加えて作るため、栄養も満点。冷蔵庫の掃除にも一役買い、便利な食材です。

そんな小麦粉に含まれるセレンは、抗酸化物質なので、生活習慣病予防や老化防止に効果的です。また、食物繊維が豊富なので、便秘改善にも有効。ビタミンB_1が多いので、糖質を上手にエネルギーへ変えることができます。

より栄養を摂りたい場合は、胚芽部分が残っている全粒粉をおすすめします。

Dr.須崎のワンポイントアドバイス

ある飼い主さんから「うどんやお好み焼きを食べたら、皮膚病や炎症が悪化しました」という話を聞きました。

それから数日後、同じ飼い主さんから「かなり高級なうどんを食べていたら、ちょっとよそ見をしたときに、かなり大量に食べられて、とても焦ったのですが、前のように症状はひどくなりませんでした」という報告を受けたのです。

食材は値段によって質が変わるため、同じ食材でも質が高くなれば問題なく食べられることがあります。このようなケースは、パンやうどんなど、特に小麦粉を使った製品で多く見られます。

小麦粉

小麦（セレン）

アーモンド（ビタミンE）＋卵（ビタミンB_2）→ 動脈硬化対策、過酸化脂質の分解

小麦（小麦ポリフェノール）

鮭（アスタキサンチン）＋アスパラガス（ビタミンC、E、β-カロテン）→ がん予防

小麦（ビタミンB_1）

やまいも（酵素）＋納豆（ビタミンB_2）→ 体力増強、代謝促進

体力増強　元気モリモリな身体を作ります

『納豆ねばとろうどん』

材料

- 1群　うどん、納豆
- 2群　やまいも、めかぶ、にんじん、ごぼう、まいたけ
- 3群　鰹節、卵黄

つくり方

1. やまいもはすりおろし、納豆、めかぶ、卵黄と混ぜ合わせる。
2. 鍋に鰹節、短めに切ったうどん、フードプロセッサーでみじん切りにしたにんじん、ごぼう、まいたけを入れ、具材がかぶる程度の水を加えて、やわらかくなるまで煮る。
3. 器に**2**を盛り付け、上から**1**をかける。

そばたんぱくとルチンで生活習慣病を予防

1群

そば

主な栄養素	栄養評価	100g中含有量
たんぱく質	🐾🐾🐾	**9.8 g**
ビタミンB₁	🐾	**0.19 mg**
食物繊維	🐾🐾	**2.7 g**

■効能■

ルチン **毛細血管強化**

食物繊維 **便秘改善**

そばたんぱく質 **肥満解消**

ルチン **動脈硬化対策**

栄養と薬効

そばの殻にはポリフェノールの一種であるルチンが多く含まれ、毛細血管を強化し、血糖値や血中コレステロール値を下げる働きがあります。

また、成分の13%を占めるたんぱく質には、コレステロールを減らし、体脂肪の蓄積を防ぐ働きがあります。

腸内環境を整える食物繊維を豊富に含むため、便秘改善にも効果的です。

そばは、晩夏から10月頃に収穫される〝秋そば〟が、香りや味わいが良く、新そばとして珍重されています。秋から冬に挽いたそばがよりおいしいので、製造年月日を確かめて挽きたてを選ぶとよいでしょう。

Dr.須崎のワンポイントアドバイス

そばたんぱく質は、体の代謝を高めてくれる働きもあるので、ダイエットをさせたい子には、ご飯よりもそばを食べさせるのがおすすめです。

また、善玉菌を増やす特徴や、エネルギー代謝を良くするビタミンB_1の他にも、各種ミネラルが豊富に含まれています。

「長いまま食べさせると、喉に詰まらせるんじゃないかしら?」と心配される飼い主さんがいらっしゃいますが、そば自体がやわらかく、犬も上手に食べてくれるため、心配いりません。せっかくですから、そば粉の割合が多い十割そばなど、本物のそばを食べさせてあげてみるのもいいでしょう。

そば

そば（ルチン）

＋ マグロ（タウリン） ＋ めかぶ（水溶性食物繊維アルギン酸） → **動脈硬化対策**

そば（ルチン）

＋ キャベツ（ビタミンC） ＋ ごま油（ビタミンE） → **毛細血管強化**

そば（そば蛋白）

＋ ごま（セサミン） ＋ 大根（食物繊維） → **肥満予防、体脂肪蓄積抑制**

血管はしなやか健康、血液はサラサラ

『あんかけそば』

材料

- **1群** そば
- **2群** キャベツ、にんじん、しめじ、ほうれんそう、れんこん
- **3群** アジ
- **その他** ごま油、くず粉

つくり方

1. ほうれん草は下ゆでしておく。
2. その他の野菜、アジは細かく切っておく。
3. 鍋にごま油を熱し、**2** を炒め合わせる。
4. 具材がかぶる程度の水を加えて沸騰させたら、そばを加えやわらかくなるまで煮る。最後に水溶きくず粉でとろみをつける。

大豆

1群

畑のお肉は体によい有効成分の宝庫

主な栄養素	栄養評価	100g中含有量
たんぱく質	🐾🐾🐾	16.0g
糖質	🐾🐾	9.7g
食物繊維	🐾🐾🐾	7.0g

■効能■

- サポニン **動脈硬化対策**
- サポニン **がん予防**
- 食物繊維 **便秘改善**
- レシチン **老化防止**

栄養と薬効

良質な植物性たんぱく質を主成分とし、ほかの豆類とは異なり、でんぷんをほとんど含まないのが大豆の特徴です。食物繊維やミネラルも豊富なので、完全栄養食品とも言えるでしょう。大豆に含まれる有名な栄養素のひとつであるレシチンは、細胞膜の働きを適正に保ち、老化防止に役立ちます。

また、脳に働きかけて痴呆を防止し、血管にこびりついているコレステロールをはがす働きもあるので、動脈硬化予防に有益だといわれています。

体脂肪を減らし、脂質の酸化を防ぐ効果から、最近注目されているサポニンには、動脈硬化やがん予防の効果もあります。

Dr.須崎のワンポイントアドバイス

さまざまな理由でお肉が食べられない子には、是非大豆を食べさせてあげてください。アレルゲン検査で陽性反応が出ても、試しに食べさせてみたら問題なかったとおっしゃる飼い主さんたちは、結構多いものです。一度与えてみて、症状が酷くなるかを確かめてから、判断してもよいと思われます。

また、きなこは好きな子も多い食材です。ただし、粉状なので、むせる子もいます。むせる場合は、少量の水で溶いてあげるとよいでしょう。

大豆不耐症の子は、大豆を食べるとお腹が張る子がいますが、食べるのをやめれば、張りもおさまるため、心配ありません。

大豆（サポニン、イソフラボン）

＋ **まいたけ**（β－グルカン） ＋ **ごぼう**（オリゴ糖） → **がん予防**

大豆（レシチン）

＋ **カツオ**（DHA、EPA） ＋ **かぼちゃ**（ビタミンE） → **老化防止、健脳**

大豆（サポニン、レシチン）

＋ **ごま**（セサミノール） ＋ **さつまいも**（ポリフェノール） → **動脈硬化予防**

魚のDHAと大豆のレシチンの相乗効果で脳を活性化

『カツオと大豆のハンバーグ』

材料

- **1群** 大豆水煮、麩
- **2群** かぼちゃ、にんじん、ピーマン、しいたけ
- **3群** カツオ
- **その他** 植物油

つくり方

1. 大豆、野菜、カツオはフードプロセッサーでみじん切りにする。
2. 1に適量の砕いた麩を加え、固さを調整する。
3. 一口大に丸めて、熱したフライパンに適量の油をしき、両面火が通るまで焼きあげる。

大豆の栄養素をさらにパワーアップ！　滋養強壮の素

1群

納豆

主な栄養素	栄養評価	100g中含有量
たんぱく質	🐾🐾	**16.5 g**
ビタミンB_2	🐾	**0.56 g**
食物繊維	🐾🐾	**6.7 g**

■効能■

納豆キナーゼ　血栓症予防

ムチン　動脈硬化対策

食物繊維　便秘改善

ビタミンB_2　皮膚・被毛の健康

栄養と薬効

納豆には、納豆キナーゼと呼ばれる有名な酵素が含まれています。この酵素のおかげで、血液の流れがより良くなり、血栓予防に役立つといわれています。

大豆と違って、優れた整腸作用を持つ納豆菌を多く含むため、悪玉菌の増殖を抑えます。

また、ネバネバの主成分であるムチンには、血中コレステロールを下げる効果があり、動脈硬化対策に有効です。

皮膚の状態を整えるビタミンB_2が含まれており、皮膚や被毛の健康状態が気になる方は、積極的にあげるとよいでしょう。

納豆菌は熱に弱いため、調理したごはんの最後に、トッピングしてください。

Dr.須崎のワンポイントアドバイス

納豆の大きな魅力は、発酵食品であるという点にあります。発酵食品は、いろんな栄養素が消化されやすい形で含まれているので、元気なときはもちろんのこと、元気のないときは是非食べてほしい食材です。

「犬は納豆なんて食べるんですか？」という質問をよく頂きますが、犬は納豆の発酵した匂いが好きなのか、喜んで食べる子はめずらしくありません。

食欲がないときに納豆をあげたのをきっかけに、それ以降納豆が入るとものすごく食欲が出るという子もいます。つるっと入ってのどごしがよいので、細かく刻んであげると、より消化吸収されやすいでしょう。

納豆（ナットウキナーゼ）

＋ ごま油（オレイン酸）
＋ サバ（DHA、EPA）
→ **血栓症予防**

納豆（ムチン、ビタミンK、葉酸）

＋ オクラ（ペクチン）
＋ ホタテ（タウリン）
→ **動脈硬化予防**

納豆（ビタミンB_6）

＋ じゃがいも（ビタミンC）
＋ 鶏肉（ビタミンB_6）
→ **皮膚の健康維持**

納豆の酵素パワーで血液サラサラ

『サバ納豆混ぜご飯』

材料

- **1群** 納豆、すりごま、麦ごはん（炊飯済）
- **2群** 大根（根、葉）、にんじん、ごぼう、しいたけ
- **3群** サバ
- **その他** ごま油

つくり方

1. サバと野菜は食べやすい大きさに切る。
2. 適量のごま油でサバと野菜を炒める。
3. **2**に麦ごはん加えて炒めあわせ、皿に盛った後に、納豆をトッピングする。

カリウム・ビタミンB_1の補給は絹ごし、
たんぱく質・カルシウム補給は木綿

1群

豆腐

主な栄養素	栄養評価	100g中含有量
たんぱく質		6.6g
糖質		4.2g
カルシウム		120mg

■効能■

- リノール酸　動脈硬化対策
- イソフラボン　骨の強化
- カルシウム　骨強化
- レシチン　老化対策

栄養と薬効

豆腐に含まれる栄養素は、大豆とほとんど変わりませんが、大豆よりも消化がよいため、大豆をそのまま摂るよりも、大豆の栄養分を効率よく吸収することができます。木綿豆腐にはたんぱく質やミネラルが多く含まれ、絹ごし豆腐にはビタミン類が多く含まれる特徴があります。

また、豆腐を凍らせた後に脱水・乾燥をしてできる高野豆腐は、たんぱく質やミネラルを豊富に含み、栄養価は豆腐を上回ります。高野豆腐の脂質には、リノール酸が豊富に含まれるので、コレステロール値を低下させる作用によって、動脈硬化の予防に役立ちます。

Dr.須崎のワンポイントアドバイス

豆腐を作る工程でできる豆乳は、良質な植物性たんぱく質やオリゴ糖など有効成分を多く含みます。しかし、匂いがきついため苦手な子もいるようです。そんな子には、おじやを作る際、水の代わりに豆乳を少し入れて、お魚やお肉を使ってだしがでると、食べやすくなるようです。

また当院では、熱を持っている子や皮膚病の子には、豆腐を患部に貼ることをおすすめしています。その理由は、豆腐が患部の持っている熱を吸収し、症状を緩和してくれるためです。

大豆の臭みは嫌いだけど、豆腐は食べられますという子は多いので、大豆嫌いな子の選択肢として覚えておいてください。

百科事典

高野豆腐（リノール酸）

＋ 卵（セレン） ＋ ほうれんそう（ビタミンE） → **動脈硬化予防**

豆腐（イソフラボン、ビタミンK）

＋ ちりめんじゃこ（カルシウム、マグネシウム） ＋ 干しいたけ（ビタミンD） → **骨粗鬆症予防**

豆腐（レシチン）

＋ 豚肉（ビタミンB_1） ＋ にんにく（アリシン） → **老化防止、健脳**

動脈硬化対策、一緒に骨も健康に

『高野豆腐のおじや』

材料

- **1群** 高野豆腐、雑穀ご飯（炊飯済）
- **2群** ほうれんそう、にんじん、白菜、干しいたけ
- **3群** 卵、桜えび
- **その他** ごま油

つくり方

1. ほうれんそうは下ゆでする。
2. 高野豆腐と野菜は食べやすい大きさに切る。
3. 熱した鍋にごま油を適量入れ、桜えびと野菜を入れて炒める。
4. **3** が少ししんなりしたら、高野豆腐と細かく切った干しいたけ、具材がかぶる程度の水を加え、野菜がやわらかくなるまで煮る。
5. 最後に溶き卵を回し入れ、もうひと煮立ちさせる。

食物繊維たっぷりで、腸の汚れをスッキリお掃除

1群

とうもろこし

主な栄養素	栄養評価	100g中含有量
糖質	🐾🐾🐾	70.6 g
たんぱく質	🐾	8.6 g
食物繊維	🐾🐾	9.0 g

効能

- ゼアキサンチン **がん予防**
- 食物繊維 **便秘改善**
- リノール酸 **動脈硬化対策**
- 糖質 **エネルギー源**

栄養と薬効

食物繊維が豊富で、デトックスにピッタリなとうもろこしは、欧米では主要な穀類のひとつとされ、いろいろなペットフードにも使われている食材です。

　必須アミノ酸も多く、とうもろこしの甘みはそのままエネルギー源にもなります。

　また、とうもろこしに含まれる黄色い色素は、ゼアキサンチンと呼ばれる抗酸化物質で、老化防止や生活習慣病対策に効果を発揮します。

　とうもろこしから作られるコーン油は、リノール酸を多く含むため、コレステロール値を下げてくれます。動脈硬化対策に最適です。ビタミンEも多く、生活習慣予防にも有効です。

Dr.須崎のワンポイントアドバイス

何か嫌いなものがあるときは、とうもろこしの甘みを加えてあげると、嫌いなものも一緒に食べてくれるという子が多くいるほど、人気のある食材です。

　一方で、とうもろこしの芯と、りんごやなしなど大きくカットした果物は、喉に詰まらせやすい食べ物の筆頭です。

　そのため、とうもろこしは、実をほぐしてすりつぶすか、フードプロセッサーでドロドロにしてあげることをおすすめします。すりつぶすことで、中の栄養素を吸収しやすくなり、より甘みも広がります。

　冷凍や缶詰のとうもろこしはいつも手に入るため、活用すると便利でしょう。

とうもろこし（ゼアキサンチン）

＋ほうれんそう（ルテイン）＋卵黄（レシチン）→ **眼の健康、白内障予防**

とうもろこし（ゼアキサンチン）

＋ブロッコリー（ビタミンC）＋オリーブオイル（ビタミンE）→ **がん予防、抗酸化作用**

とうもろこし（リノール酸、食物繊維）

＋豆乳（大豆たんぱく、サポニン）＋かぼちゃ（ビタミンE）→ **動脈硬化予防、老化防止**

豊富な食物繊維で腸のお掃除、がんの予防にも働きます。

『玄米トマトリゾット』

材料

- **1群** とうもろこし、スパゲティ（マカロニ）、豆乳
- **2群** にんじん、ブロッコリー、しめじ
- **3群** サケ
- **その他** オリーブオイル

つくり方

1. とうもろこしはフードプロセッサーでペースト状にする。
2. サケ、野菜は食べやすい大きさに切る。
3. 鍋にオリーブ油を熱し、**2**を火が通るまで炒める。
4. **3**に、**1**と短く切ったスパゲティ、豆乳を適量加えて煮る。

ビタミンB1＋サポニンの利尿作用でむくみを改善

1群

小豆

主な栄養素	栄養評価	100g中含有量
たんぱく質	🐾🐾	**8.9g**
ビタミンB1	🐾🐾	**0.15mg**
食物繊維	🐾🐾🐾	**11.8g**

■効能■

サポニン **利尿作用**

アントシアニン **がん予防**

アントシアニン **糖尿病対策**

食物繊維 **便秘改善**

栄養と薬効

漢方では急性腎炎などの症状緩和に用いられる小豆は、カリウムとサポニンが含まれているため、強力な利尿作用があり、むくみの解消に有効です。加えて、血中糖質濃度の上昇を抑制するため、血糖値が気になる子に与えるとよいでしょう。

小豆の赤い色素は、ポリフェノールの一種であるアントシアニンによるものです。アントシアニンは、抗酸化作用を持っているため、がん対策や生活習慣病予防に役立ちます。

疲労回復効果のあるビタミンB1が豊富で、疲れのある子や、運動量の多い子にもおすすめです。また、食物繊維も多いので、便秘改善にも役立ちます。

Dr.須崎のワンポイントアドバイス

小豆の有効成分は、ゆでたときの汁に溶け出すため、茹で汁もおじやに使うとよいでしょう。小豆をおじやに取り入れる以外にも、おやつとして小豆かぼちゃを与えるご家庭もあります。

小豆かぼちゃは、糖尿病の子に食べさせると、血糖値のコントロールに有益なので、かぼちゃの自然な甘みを活かして、作ってあげるのはおすすめです。ただし、砂糖を入れ過ぎないように注意してください。

かつて、小豆を生で食べさせていた方がいらっしゃいましたが、どんな食材でも、犬は基本的に人間と同じです。人間が生で食べられない食材は、必ず加熱して、茹でてあげてください。

小豆（食物繊維、サポニン）

＋ さつまいも（ヤラピン） ＋ チーズ（乳酸菌） → 便秘解消

小豆（サポニン、ビタミンB群）

＋ バナナ（カリウム） ＋ レモン（クエン酸） → 利尿作用、むくみ防止

小豆（アントシアニン）

＋ かぼちゃ（食物繊維、コバルト） ＋ くるみ（ビタミンQ） → 糖尿病予防

糖尿病の血糖値対策、腎臓の働きを強化

『かぼちゃ小豆粥』

材料

- **1群** 小豆、くるみ、玄米ご飯（炊飯済）
- **2群** かぼちゃ、れんこん、にんじん、昆布
- **3群** 鶏ひき肉

つくり方

1. 野菜はフードプロセッサーでみじん切りにする。
2. くるみ、昆布は細かく刻む。
3. 小豆はひと晩水に漬けておき、ひたひたの水でやわらかくなるまで煮る。
4. **3**に**1**、**2**、鶏肉、ご飯を加え、具材がかぶる程度に水を足して、火が通るまで煮る。

β-カロテンと食物繊維で病気に強い身体作りに！

1群 えんどう豆

主な栄養素	栄養評価	100g中含有量
β-カロテン	🐾	44 μg
ビタミンB1	🐾	0.27 mg
食物繊維	🐾🐾	7.7 g

効能

- オレイン酸 **糖尿病対策**
- α-リノレン酸 **動脈硬化対策**
- 食物繊維 **便秘改善**
- 食物繊維 **血糖値対策**

栄養と薬効

えんどう豆は完熟した豆のことを指し、未熟な豆であるグリーンピースや、えんどうの未熟な豆をさやごと食べることから、さやえんどうと呼ばれているものもあります。その中でも、えんどう豆は完熟しているため、一番栄養価が高くなっています。豆類の中ではめずらしく、β-カロテンが含まれるので、抗酸化作用があります。さらに、コレステロールを低下させるオレイン酸も含まれるため、糖尿病対策にも有益です。

　また、α-リノレン酸が血栓を防ぐため、動脈硬化対策に力を発揮し、コリンと呼ばれるビタミン様物質が、脳の働きを良くし、記憶力強化に有益です。

Dr.須崎のワンポイントアドバイス

えんどう豆には、青えんどう（緑色で最も一般的）、赤えんどう（甘味のみつ豆やゆで豆として使用される）、白えんどう（白色であまり利用されない）の三種類があり、私たちが普段からよく食べているのが、青えんどうの種類です。

　さやえんどうは食物繊維を多く含むため、そのままあげると便に出てくる可能性があります。そのため、細かくして与えたほうが安心できるでしょう。

　また、食物繊維が豊富なものを便秘の時に食べさせると、腸の中の発酵が進んで、お腹が張ることもあります。食べさせてお腹が張るようでしたら、与えるのを一度中断してください。

えんどう豆（食物繊維）

＋ そば（ルチン） ＋ 納豆（大豆たんぱく） → **血糖値を下げる**

えんどう豆（オレイン酸、食物繊維）

＋ アジ（タウリン、EPA） ＋ やまいも（消化酵素、ムチン） → **糖尿病予防**

えんどう豆（α-リノレン酸、食物繊維）

＋ ごま油（セサミノール） ＋ 豆腐（大豆サポニン） → **血中コレステロール減少**

α－リノレン酸＋豆腐のレシチン、サポニンが動脈硬化を予防

『えんどう豆とじゃこの豆腐チャーハン』

材料

- **1群** えんどう豆、玄米ご飯（炊飯済）、豆腐
- **2群** にんじん、レタス、えのき
- **3群** ちりめんじゃこ
- **その他** ごま油

つくり方

1. にんじん、レタス、えのきは食べやすい大きさに切る。えんどう豆は下ゆでしておく。
2. 鍋にごま油を熱し、ちりめんじゃこと手で崩した豆腐を入れて炒める。
3. **2**に**1**とご飯を加え、全体に火が通るまで炒め合わせる。

黒皮に含まれるアントシアニンで体のサビつき防止

黒豆

1群

主な栄養素	栄養評価	100g中含有量
たんぱく質	🐾🐾	16.0g
糖質	🐾	9.7g
食物繊維	🐾🐾🐾	7.0g

■効能■

- 大豆オリゴ糖　便秘改善
- アントシアニン　がん予防
- 大豆サポニン　動脈硬化対策
- イソフラボン　骨の強化

栄養と薬効

黒い色が特徴的な黒豆は、多彩な機能を持つ、マルチ食材です。イソフラボンは大豆の2倍含まれており、骨の強化や、ホルモン調整によいとされます。

アントシアニンという黒い色素を含み、強い抗酸化作用を発揮します。そのため、がん予防や糖尿病の改善に有益です。

また、大豆同様に、コレステロール値低下に有効な大豆サポニンや、ビフィズス菌を増やして、腸内環境を整えてくれる大豆オリゴ糖も含まれるので、動脈硬化の予防や便通改善にも効果的な食材です。

黒豆を使った納豆は、普通の納豆に黒豆の栄養素が加わるため、栄養価が高くなります。

Dr.須崎のワンポイントアドバイス

黒豆は人間にとってもさまざまな効果があるため、注目を浴びている食材です。豆や納豆を食べさせてあげるときに、どの種類をあげようか迷ったときは、黒豆を与えましょう。

特に、生活習慣病（糖尿病、肝臓病、がん、腎臓病など）が気になる子には、症状改善が期待できるため、毎日でも食べさせることがおすすめです。

ちなみに、京都で丹波の黒豆を扱っている社長さんの犬（16才）は、黒豆をたくさん食べているせいか、「毛づやがピカピカでとってもキレイ!」と周りの方から高い評判を受けているそうです。それだけ黒豆は栄養が豊富だと思われます。

黒豆（イソフラボン、オリゴ糖、ビタミンK）

＋ **チーズ**（カルシウム） ＋ **カツオ**（ビタミンD） ➡ **骨密度改善**

黒豆（アントシアニン）

＋ **かぼちゃ**（β-カロテン、ビタミンC、ビタミンE） ＋ **りんご**（カテキン） ➡ **がん予防、抗酸化**

黒豆（大豆サポニン）

＋ **大根**（イソチオシアネート） ＋ **マグロ**（EPA） ➡ **動脈硬化予防、血液サラサラ**

抗酸化作用で老化を防いでがん予防

『黒豆かぼちゃサラダ』

材料

- **1群** 黒豆
- **2群** かぼちゃ、にんじん
- **3群** ヨーグルト
- **その他** りんご、レーズン

つくり方

1. 黒豆は一晩水に漬けておく。ひたひたの水でやわらかくなるまで煮る。
2. りんごはみじん切りにする。
3. かぼちゃは1㎝角程度に切って、ラップにくるみレンジで加熱する。
4. ボウルに冷やした黒豆、**2**、**3**、適量のヨーグルトとレーズンを加え混ぜ合わせる。

小さな１粒にミネラル満載、栄養満点。
老化を防いで若さを保つ

1群

ごま

主な栄養素	栄養評価	100g中含有量
ビタミンE	🐾	0.1㎎
ビタミンB_1	🐾🐾	0.95㎎
カルシウム	🐾🐾🐾	1200㎎

効能

- ゴマリグナン　**がん予防**
- メチオニン　**肝機能強化**
- ビタミンE　**老化対策**
- オレイン酸　**動脈硬化対策**

栄養と薬効

老化を防ぐ効果のあるごまには、ゴマリグナンと呼ばれる、セサミンやセサミノール、セサモリンなどの抗酸化物質が含まれており、がん予防に有効な栄養素です。中でも、セサミンはがん予防のほかに、コレステロール値低下やビタミンEの消費を節約する作用があります。

肝機能を改善するメチオニンや、細胞の老化を防ぐビタミンE、疲労回復効果のあるビタミンB_1が豊富です。

オレイン酸やリノール酸などの不飽和脂肪酸は、コレステロール値を下げ、動脈硬化対策に有益です。貧血を予防する鉄などのミネラルも含むので、毎日摂れば元気の源になる食材です。

Dr.須崎のワンポイントアドバイス

フケがひどい子にごまをあげると、フケがピタッと止まったケースがあり、フケが気になる子にはおすすめです。

ごまは栄養価が高い食材ですが、ごまの皮がついたまま与えると、そのまま便として出てくることがあり、栄養吸収率が下がります。そのため、すりつぶしてあげましょう。ただし、時間の経過とともに、すりつぶしたごまに含まれる脂肪酸が酸化するため、ごはんを食べる直前にすりつぶしてあげてください。

ごまやごま油を長期間たくさん与え過ぎると、いつの間にか太っていたというケースもありますので、体型を見ながら、量のコントロールをしてください。

ごま（ゴマグリナン）

＋ ブロッコリー（スルフォラファン）＋ パプリカ（カプサンチン、ビタミンC）→ **がん予防**

ごま（メチオニン、セサミン）

＋ 卵（ビタミンB群）＋ キャベツ（食物繊維、ビタミンU）→ **肝機能強化、脂肪肝予防**

黒ごま（ビタミンE）

＋ きなこ（サポニン、レシチン）＋ ヨーグルト（乳酸菌）→ **老化防止、抗酸化作用**

ごま、緑黄色野菜の抗酸化作用でがん予防

『ささみのごま風味おじや』

材料

- **1群** 練りごま、玄米ごはん（炊飯済）
- **2群** ブロッコリー、パプリカ、なす、にんじん
- **3群** 鶏ささみ

つくり方

1. ささみ、野菜は食べやすい大きさに切る。
2. 1を鍋に入れ、具材がつかる程度の水を入れ、材料に火が通るまで煮る。
3. 2にご飯と練りごまを加えひと煮立ちさせる。

ナッツNo.1のビタミンE含有量で血行促進、冷え性改善

1群 アーモンド

主な栄養素	栄養評価	100g中含有量
ビタミンB_1	🐾🐾	0.24mg
ビタミンB_2	🐾🐾🐾	0.92mg
ビタミンE	🐾🐾🐾	31.0mg

効能

- ビタミンE　老化予防
- ビタミンB_1、B_2　疲労回復
- オレイン酸　動脈硬化対策
- ビタミンE　がん予防

栄養と薬効

ビタミンEの含有量が非常に多いアーモンドは、がんや糖尿病、肝臓病、腎臓病などの生活習慣病予防に役立ちます。強い抗酸化作用は、かぼちゃの種よりも強力です。

　アーモンドの主成分である脂質は、オレイン酸やリノール酸などの不飽和脂肪酸がメインです。これら不飽和脂肪酸が豊富に含まれているので、血中コレステロールの濃度を下げ、動脈硬化防止効果が期待できます。

　ビタミンB_1・B_2はエネルギー代謝を助けるため、疲労回復に有益で、骨を強化するカルシウムや、貧血予防に摂りたい鉄も含まれており、丈夫な体を作ってくれる種類です。

Dr.須崎のワンポイントアドバイス

漢方の世界では、種実類は基礎体力を上げる目的でよく使われます。日常生活の賢い知恵として、種の中身は有益だということを知っておいてください。ただし、植えても芽が生えてこない未熟な果実の種は毒があります。必ず栄養が詰まった、熟した果実の種をあげましょう。

　アーモンドはローストされたアーモンドよりも、生のアーモンドの方が新鮮なため、手に入るようであれば、ミルサーなどでくだいて、ティースプーン1杯ほどをおじやに混ぜたり、おやつにあげるのもよいでしょう。塩をまぶしてローストしたものは塩分が多いため、たくさん与えないほうが賢明です。

アーモンド（ビタミンB_1、B_2）

豚肉（たんぱく質） ＋ 酢（クエン酸） → 疲労回復、夏バテ解消

アーモンド（ビタミンE）

トマト（リコピン） ＋ キャベツ（ビタミンC、スルフォラファン） → がん予防

アーモンド（オレイン酸、ビタミンE）

かぼちゃ（β-カロテン、ビタミンC） ＋ しいたけ（食物繊維、エリタデニン） → 動脈硬化予防、コレステロール減少

食物繊維豊富な食材と合わせてコレステロール対策

『お芋ときのこのアーモンド和え』

材料

- 1群 アーモンド
- 2群 かぼちゃ、さつまいも、ピーマン、にんじん、しいたけ
- 3群 サバ
- その他 オリーブオイル

つくり方

1. 野菜、サバはみじん切りにする。
2. アーモンドはビニール袋に入れ、包丁の背でたたいて細かく砕く。
3. 鍋にオリーブオイルを熱し、サバと野菜、アーモンドを加えて炒め合わせる。

Q 手づくり食はむずかしい計算が必要なんですか？

手づくり食をやってみたいと思い、獣医さんに聞いたところ、「計算が複雑で、ほとんどの人たちが途中で挫折しましたよ。あなたも無理なのでは？」と言われました。手づくり食って、本当にむずかしい栄養価計算が必要なのでしょうか？

A むずかしい計算は不要です。

よく、犬の食事は難しい計算が必要だという主張がありますが、それは、ドッグフードの様な「精製食」を作るときの基準を「絶対視」するならばの話です。

科学の世界には「条件が変われば結果が変わる」という大前提があります。ですから、フードの原料と食材では消化率、吸収率が異なるため、手づくり食の参考にはなるものの、そのまま当てはめられる基準ではありません。

そもそも、犬は人間の残り物を食べて人間生活になじんできた歴史がありますし、ペットフードの歴史はまだ数十年で、ドッグフードは便利ですが、結局はインスタント食品です。なのにそれ以外を食べると病気になると言われたら、違和感を感じます。

私も１２年間の診療経験や、本の読者のお便りなどから、手づくり食で元気になった子が多いですし、そもそも食材を組み合わせただけでは達成することが難しい栄養バランスは不自然です。私は今までの経験をふまえた上で、むずかしい計算は不要だと思っています。

3章

2群
野菜・海藻類

野菜・海藻類の栄養素

野菜には抗酸化物質が豊富！

植物は外敵に対する防御能力が極めて高い生物です。それは、植物は芽を出した場所から動けず、天敵や日光の紫外線などから逃げられないためです。

そのため野菜には、外敵から身を守るために有効な成分が備わっています。これらはファイトケミカルと呼ばれ、抗酸化作用があるので、免疫力の強化や生活習慣病対策、がんの抑制に大変有益な成分です。野菜に含まれるファイトケミカルの代表的な成分は、ポリフェノールやフラボノイド、β-カロテンやビタミンCなどが有名です。

植物にはアルカロイドと呼ばれる、アク成分が含まれています。猫はアルカロイドのダメージを多少受けるのですが、犬はアルカロイドを無力化する能力が肝臓に備わっているため、野菜を食べても問題はありません。

また、スーパーで売っている野菜類に関しては、ネギ類以外は、残留農薬の害以外はないと考えられて結構です。

ですから、よく洗って使いさえすれば、心配はいりません。野菜を摂取することは、動物にはない植物特有の成分を取り入れ、元気な体を作るために、是非積極的に、新鮮な旬の野菜を毎日の食事へ取り入れて頂きたいと思います。

毎日の手作り食に、どの野菜を入れたらよいか迷っている方は、緑黄色野菜でβ-カロテンが豊富なにんじん・かぼちゃ・ブロッコリー、ビタミンCが多いキャベツ・さつまいもなどのいも類、食物繊維が豊富なきのこ類をメインに使いましょう。

野菜や海藻は薬にもなる

中国では「漢方」、日本では「薬草」、欧米諸国では「ハーブ」などと呼ばれてきた植物には、さまざまな効果が認められ、昔から薬として珍重され、長い間使われてきました。旬の野菜には、季節に応じた必要な栄養素が含まれているため、健康維持には欠かせない食材です。

漢方や東洋医学の世界では、根菜類には体を温める効果があると考えられています。最近、低体温で、触ると冷たい子が増えているようですが、是非、冷え性の子には根菜類を積極的に与えてあげてください。

また、干しいたけや切干大根などの干物は、干した結果水分が抜けて栄養価が凝縮し、ビタミンDが増えているので、高栄養です。野菜が高く、手に入らないときには積極的に活用しましょう。

海藻は、食物繊維が多いので体内を掃除するだけという意見も多いのですが、実は、海藻はミネラル、カルシウムが豊富なので、乳製品のアレルギーがある子にとっては、貴重なカルシウム源になります。さらに、フコイダンという免疫力を活性化してくれる成分を含むため、健康維持に有益です。海藻類はだしとして積極的に使い、有効な成分を摂取しましょう。

さらに野菜の葉や実は、食べるだけではなく、皮膚に直接当てることで、熱や有害な物質を吸い取ってくれる効果もあります。たとえば、打撲で患部が熱を持った子には、白菜の表面にきざみを入れて貼ると、即席の湿布になります。白菜以外で外用に使える野菜とその使用法については、P68ページ以降にてご確認ください。

また、スーパーなどで手軽に購入できるハーブや漢方食材は、普段から手づくり食に取り入れてもらっても大丈夫です。ただし、長期間特定のハーブを使っても症状が改善しない場合は、そのハーブは今は必要ではないと思って下さい。当院に来る子の中には、効果があると信じて与え続けていたハーブが、検査の結果、まったく効果がなかったことが発覚したケースもあります。2〜4週間で症状に変化が表れなければ、他に解決する問題があると考えてください。

β–カロテンの代表格。免疫力UPで病気を予防

にんじん

2群

主な栄養素	栄養評価	100g中含有量
β–カロテン	🐾🐾🐾	9100μg
鉄	🐾	0.2mg
カリウム	🐾	280mg

効能

- β–カロテン　**免疫力アップ**
- カリウム　**夏バテ予防**
- β–カロテン・鉄　**貧血対策**
- 食物繊維　**便秘改善**

栄養と薬効

活性酸素を除去するβ–カロテンの含有量が、野菜の中で飛びぬけて多い特徴を持つにんじんは、生活習慣病予防やがんの抑制、貧血対策に有効です。

　β–カロテンは、体の中で必要に応じてビタミンAに変換されるため、ビタミンA過剰症になる心配はいりません。ビタミンAには、皮膚や粘膜を正常に保ち、免疫力を高めるという働きがあります。

　カリウムも多く、細胞内の代謝をスムースに行い、腸壁を刺激する食物繊維が腸内善玉菌を活性化します。

　さらにβ–カロテンよりも強い活性酸素除去力を持つα–カロテンや鉄も含まれています。

Dr.須崎のワンポイントアドバイス

にんじんは、とても甘いので好きな犬が多く、水分摂取としてにんじんジュースを好む犬も多くいます。毎日のレギュラー食品として取り入れたい食材のひとつです。にんじんに含まれる、テルペンという物質は、神経系の安定に役立つので、落ち着きのない子にもおすすめです。秋から冬が旬で、体を温める根菜類なので、寒い時期には積極的にあげてください。

　普段のごはんだけでなく、軽く茹でて、お腹が空いたときのおやつとして、スティック状にしてあげるのもよいでしょう。

　にんじんは、葉も栄養価が高く、β–カロテンも豊富なので、捨てずに食べさせてください。

にんじん（β－カロテン、ビタミンC）

＋ ごま（ビタミンE）＋ チーズ（脂肪、亜鉛）→ 免疫力アップ、抗酸化作用

にんじん（鉄、β－カロテン）

＋ ピーマン（ビタミンC）＋ レバー（葉酸）→ 貧血予防

にんじん（β－カロテン）

＋ ブロッコリー（スルフォラファン）＋ トマト（リコピン）→ がん予防

β－カロテンたっぷり免疫力を高める簡単メニュー

『にんじんリゾット』

材料

- 1群　ごま、玄米ごはん（炊飯済）
- 2群　にんじん、小松菜
- 3群　カッテージチーズ、ツナ缶
- その他　オリーブオイル

つくり方

1. にんじん、小松菜はフードプロセッサーでみじん切りにする。
2. くるみはビニール袋に入れて、すりこぎ棒などでたたいて細かく砕く。
3. 鍋にオリーブ油を熱し、**1**、ごはん、ツナ缶を入れて炒め、ひたひたの水を加えて煮る。
4. 器に盛り付けカッテージチーズ、**2** をトッピングする。

抗酸化ビタミンで体に抵抗力をつけ、がんを撃退！

2群

かぼちゃ

主な栄養素	栄養評価	100g中含有量
β-カロテン	🐾🐾🐾	4000 μg
ビタミンC	🐾🐾	32 mg
ビタミンE	🐾🐾	4.7 mg

■効能■

- ポリフェノール　がん予防
- セレン　動脈硬化対策
- ビタミンB_1、B_2　疲労回復
- 食物繊維　便秘改善

栄養と薬効

野菜の中で、ビタミンEの含有量がトップクラスのかぼちゃは、ビタミンCやβ-カロテンなどの抗酸化物質を豊富に含み、がんや生活習慣病予防に効果的な食材です。

ミネラルの一種であるセレンには抗酸化作用があり、がんや動脈硬化対策に有益です。また、細胞の老化を防ぐビタミンEの働きを強化してくれるうれしい効果もあります。

ポリフェノールはがんを予防し、食物繊維は腸内環境を整え、便秘を改善してくれます。

また、ビタミンB_1・B_2が糖質や脂質のエネルギー代謝を活性化し、血行促進や細胞の再生、疲労回復に役立ちます。

Dr.須崎のワンポイントアドバイス

日本人は、冬至にかぼちゃを食べる風習がありますが、かぼちゃにはさまざまな栄養素が含まれ、免疫力を高める効果が期待できるなど、理にかなったことなのです。最近はさまざまな種類のかぼちゃが出ていますが、昔から日本にある、皮が濃い深緑色の西洋かぼちゃの栄養価が高いとされています。

かぼちゃは、食欲がない子や下痢の子にあげると、食が進んだり、下痢が落ち着いたりすることがよくあります。

それらの症状で悩んでいるときは、積極的に普段の食事に混ぜてあげてみてください。フライパンで焼いておやつにしてあげるのもおすすめです。

かぼちゃ（フェノール、β-カロテン、ルテイン）

＋ 植物油（ビタミンE） ＋ イワシ（セレン、EPA） → **がん予防**

かぼちゃ（ビタミンB_1、ビタミンB_2）

＋ アリシン（にんにく） ＋ 豚肉（たんぱく質） → **疲労回復、夏バテ解消**

かぼちゃ（食物繊維）

＋ ヨーグルト（乳酸菌） ＋ きなこ（オリゴ糖） → **便秘改善**

抗酸化物質豊富なかぼちゃ＋DHA豊富なイワシでがん予防

『かぼちゃとイワシのつみれ汁』

材料

- **1群** 味噌、麩
- **2群** かぼちゃ、にんじん、大根（根、大根葉）
- **3群** イワシ（すり身）
- **その他** ごま油

つくり方

1. 野菜は食べやすい大きさに切る。
2. 鍋に野菜と具材がかぶる程度の水を入れ、沸騰させる。沸騰したらイワシのすり身を丸めて入れる。
3. 火が通ったらお麩を入れひと煮立ちさせ、火を止めてからごま油を加える。

豊富なファイトケミカルが強力な抗酸化作用を発揮！

ピーマン

2群

主な栄養素	栄養評価	100g中含有量
β-カロテン	🐾🐾	400 μg
ビタミンC	🐾🐾🐾	76 mg
ビタミンE	🐾	0.8 mg

■効能■

- カプサンチン　がん予防
- ルチン　毛細血管強化
- クロロフィル　動脈硬化対策
- β-カロテン・ビタミンC　老化防止

栄養と薬効

緑黄色野菜の一種であるピーマンは、豊富なβ-カロテンとビタミンCを含み、老化防止や免疫力アップに効果的な食材です。緑色のピーマンは未熟で、熟すと赤か黄色に変化し、栄養価も高くなります。緑・赤・黄と色が違うのは、含まれる植物色素の差によるものです。

ピーマンには、ビタミンCを吸収されやすくし、毛細血管を丈夫にしてくれる優れた成分、ビタミンPも含まれています。

さらに、血中コレステロールを減らし、動脈硬化を予防してくれるクロロフィルや、β-カロテンよりも強い抗酸化作用を持つカプサンチンは、がん予防に有益です。

Dr.須崎のワンポイントアドバイス

ある飼い主さんから「緑色のピーマンとパプリカが入った紙袋を置いておいたら、ものの見事にパプリカだけ食べられました」というお話を聞きました。

このエピソードからもわかるように、赤ピーマンやパプリカには甘みがあるため、好きな子は多いのですが、緑ピーマンは生でもゆでても苦味があるため、苦手な子が多いようです。

緑ピーマンが嫌いな場合は、無理に食べさせず、赤ピーマンやパプリカを食べさせてあげてください。また、ゆでたピーマンが嫌いな子の中には、油で炒めると甘みが増し、変な匂いがしないため、食べられる子もいます。お試しください。

百科事典

ピーマン（ルチン、ビタミンC）

＋ オリーブオイル（ビタミンE） ＋ トマト（ケセルチン） → **血管強化作用**

ピーマン（クロロフィル、ルチン、ピラジン）

＋ ナス（ナスニン） ＋ 味噌（サポニン、ギャバ） → **動脈硬化予防**

ピーマン（β-カロテン、ビタミンC）

＋ しいたけ（ビタミン B_2） ＋ 卵（レシチン） → **老化防止、美肌**

ピーマンの緑（クロロフィル）、パプリカの赤（リコピン）
なすの紫（ナスニン）で動脈硬化予防

『なすとピーマンの混ぜご飯』

材料

- **1群** 味噌、雑穀ご飯（炊飯済）、豆腐
- **2群** ピーマン、なす、赤パプリカ、えのき
- **3群** サンマ
- **その他** オリーブオイル

つくり方

1. サンマ、野菜はフードプロセッサーでみじん切りにする。
2. 鍋にオリーブオイルを熱し**1**と少量の味噌、手でくずした豆腐を加え炒める。
3. ご飯と炒めた具を混ぜ合わせる。

香り成分にも有益な成分が含まれるデトックスの強い味方

セロリ

2群

主な栄養素	栄養評価	100g中含有量
カリウム	🐾🐾🐾	**410㎎**
***β*–カロテン**	🐾	**44μg**
ビタミンC	🐾🐾	**20㎎**

■効能■

食物繊維
便秘改善

β–カロテン・ビタミンC
免疫力アップ

アピオイル
疲労回復

フラボノイド
動脈硬化対策

栄養と薬効

セロリはがん予防に役立つとされるデザイナーフーズのひとつです。葉に含まれる香り成分は、40種類にも及びます。その中でも、アピオイルという成分は、食欲増進、血行促進、疲労回復に効果があります。

ビタミンCとβ–カロテンが多く、ポリフェノールの一種であるフラボノイドを含んでいるので、強い抗酸化作用があり、がん予防や免疫力アップに効果的です。また、茎の部分は食物繊維も豊富で、デトックス効果も期待できます。

香草類のため、好き嫌いが分かれる食材ですが、旬の季節である秋から春には是非取り入れたい食材です。

Dr.須崎のワンポイントアドバイス

セロリは色が薄く、白菜などと同様、冬の野菜の代表格です。香りが強いため、個体によって好みが分かれる食材です。セロリの葉を入れ過ぎないように気をつけ、茎は筋を取ってあげてください。

根菜類と一緒に煮込んで食べると体を温めるので、寒い時期にはポトフなどがおすすめです。お肉やお魚と一緒に煮ると、独特の香りがやわらぐため、犬も喜んで食べてくれます。

初めてセロリを食べる子には、他の食材と分けてトッピングのように使い、いつでも取り出せる状態にして、食べるようでしたら与えてあげてください。

セロリ（β－カロテン、ビタミンC）

しいたけ（β－グルカン） ＋ 納豆（アルギニン） → **免疫力アップ**

セロリ（アピオイル）

ひじき（カルシウム、マグネシウム） ＋ トマト（クエン酸、ビタミンC） → **疲労回復、イライラ解消**

セロリ（フラボノイド、食物繊維）

ハマグリ（タウリン） ＋ ナッツ（オレイン酸、ビタミンE） → **動脈硬化予防**

抗酸化ビタミン＋大豆の力を合わせて免疫力アップ

『納豆セロリチャーハン』

材料

- **1群** 納豆、玄米ごはん（炊飯済）
- **2群** セロリ、しいたけ、小松菜、にんじん
- **3群** アジ
- **その他** オリーブオイル

つくり方

1. 野菜、アジはフードプロセッサーでみじん切りにする。
2. 鍋にオリーブオイルを熱し、**1**を炒める。
3. **2**にご飯を加えて炒めあわせ、器に盛る。
4. 粗熱がとれたら納豆を混ぜる。

カルシウム含有量は、野菜の中で No.1

小松菜

2群

主な栄養素	栄養評価	100g中含有量
β-カロテン	🐾🐾🐾	**3100 μg**
ビタミンC	🐾	**21 mg**
カルシウム	🐾	**150 mg**

■効能■

クロロフィル
動脈硬化対策

カルシウム
骨の強化

カリウム
利尿作用

β-カロテン・ビタミンC
がん予防

栄養と薬効

冬を代表する緑黄色野菜の小松菜は、ビタミン・ミネラルの宝庫です。カルシウム、β-カロテン、ビタミンCがずば抜けて豊富で、骨を強化するカルシウムの含有量はほうれんそうの約3倍といわれています。

また、β-カロテンとビタミンCが体内で一緒に機能するため、粘膜を強化し、免疫力や抗がん作用がアップします。

さらに、発がん物質を解毒し、活性酸素を抑制するインドールや、解毒機能を強化し、発がん物質を体外に排出してくれるグルコシノレートも含まれるため、小松菜は、解毒機能を強化し、がん予防効果が期待できる食材といえるでしょう。

Dr.須崎のワンポイントアドバイス

カルシウムが多い小松菜は、アクが少ないため、犬が抵抗なく食べてくれる葉野菜のひとつです。青汁にしても飲みやすいので、水分摂取に青汁を与えるのもよいでしょう。

また、ビタミンCが豊富なので、メラニン色素対策に有効だったり、コラーゲンの原料となったりします。皮膚病の子や、お腹をなめ過ぎて色素沈着をしている子にもおすすめです。

小松菜に含まれる葉緑素のクロロフィルは、貧血予防、解毒作用、炎症鎮静、整腸作用、コレステロール値の低下、がん予防など、オールマイティーな働きをしてくれます。旬の冬には是非摂りたい食材です。

小松菜（カルシウム、ビタミンK）

＋ちりめんじゃこ（ビタミンD、リン）＋ごま（マグネシウム）→ **骨の強化、骨粗鬆症予防**

小松菜（カリウム）

＋トマト（リンゴ酸、クエン酸）＋しょうが（ジンゲロール）→ **利尿作用**

小松菜（β－カロテン、ビタミンC）

＋サケ（アスタキサンチン）＋わかめ（フコキサンチン）→ **がん予防**

カルシウム豊富な青菜に小魚を加えて丈夫な骨作り

『小松菜とじゃこのおろしそば』

材料

- **1群** そば、すりごま
- **2群** 小松菜、にんじん、大根
- **3群** ちりめんじゃこ、卵

つくり方

1. 小松菜、にんじんは食べやすい大きさに切る。
2. 鍋にそば、ちりめんじゃこ、**1**を加え、具材がかぶる程度の水を加えて煮る。
3. 火が通ったら卵でとじ、器に盛り付ける。
4. 大根おろしとすりごまをトッピングする。

豊富なビタミン・ミネラルが元気の源

2群 ほうれんそう

主な栄養素	栄養評価	100g中含有量
β-カロテン	🐾🐾🐾	5400 μg
ビタミンC	🐾	19 mg
鉄	🐾	0.9 mg

効能

ビタミンC・鉄
貧血対策

β-カロテン
がん予防

ビタミンC
免疫力アップ

ルテイン
視力強化

栄養と薬効

ほうれんそうは、造血作用のある鉄、銅、ビタミンB_{12}、葉酸などを多く含み、昔から血を補う薬として使われてきました。貧血対策は、鉄と合わせてビタミンCと摂取すると、鉄の吸収効率がアップします。その点、ほうれんそうはビタミンCもたっぷりあるため、ほうれんそうを単独で食べても、鉄の吸収効率がよい食材です。

さらに、がん予防に効果的なβ-カロテンが豊富で、カロテノイド色素の一種であるルテインは、視力を強化してくれます。東洋医学では、ほうれんそうは胃の荒れた粘膜を治す薬として使われるので、胃の調子が悪い子にもおすすめです。

Dr.須﨑のワンポイントアドバイス

「ほうれんそうにはシュウ酸が多いので、結石の原因になるから食べさせない方がいい」というウワサ話をよく聞きますが、それは正確ではありません。

ほうれんそうを食べなくても結石はできるのですから、ほうれんそうにシュウ酸が入っていることと、シュウ酸カルシウム結石ができることは、まったく別の話なのです。

当院の診療で結石が改善した子に、ほうれんそうを食べさせても、再発しませんでした。ですので、間違ったウワサ話は信じないようにして下さい。どうしても心配なようであれば、アク抜きをしてから与えれば、何も問題ありません。

ほうれんそう（β－カロテン、ビタミンC）

＋ アーモンド（ビタミンE） ＋ チーズ（ビタミンA、乳酸菌） → **がん予防**

ほうれんそう（ルテイン、ビタミンC）

＋ にんじん（β-カロテン） ＋ さつまいも（アントシアニン） → **視力強化、眼精疲労**

ほうれんそう（ビタミンC、鉄）

＋ レバー（ビタミンB_1、ビタミンB_6、ビタミンB_{12}） ＋ ごま（メチオニン） → **貧血対策**

ビタミンA.C.Kと鉄分豊富で造血、貧血予防

『ほうれんそうとレバーのキーマカレー』

材料

- **1群** すりごま
- **2群** ほうれんそう、にんじん、トマト、じゃがいも
- **3群** 鶏レバー、鶏ひき肉
- **その他** うこん（ターメリック）、片栗粉

つくり方

1. 野菜、レバーはフードプロセッサーでみじん切りにする。
2. 鍋に片栗粉以外の全ての材料を入れ、具材がかぶる程度の水を加えて煮る。
3. 水溶き片栗粉でとろみをつける。

ビタミンCと食物繊維で免疫力をアップ！

白菜

2群

主な栄養素	栄養評価	100g中 含有量
カリウム		160㎎
ビタミンC		10㎎
食物繊維		1.4g

■効能■

カリウム **むくみ防止**

食物繊維 **便秘改善**

ビタミンC **免疫力アップ**

カリウム **利尿作用**

栄養と薬効

寒い時期におなじみの白菜は、老廃物をデトックスする効果の高い野菜です。

白菜に含まれるカリウムは、腎臓の機能を高めるので、老廃物の排泄を促進する一方で、筋肉を強化してくれるうれしい働きがあり、食物繊維が善玉菌を増やしてくれるので、便通を良くして毒素を排出します。

キャベツよりたんぱく質や糖質が低いため、低エネルギーで、ダイエットにはもってこいの食材です。

また、ビタミンCが粘膜を正常にし、免疫力を高めてくれるため、風邪予防にも効果的です。冬のおじやの定番野菜としていかがでしょうか。

Dr.須崎のワンポイントアドバイス

白菜は、柔らかい食物繊維で、胃腸を整えてくれる作用もあるので、病気をしている子や病後まもない子の食材に最適です。

また、「太っているけどたくさん食べたい！」という子には、多めの白菜を細かく刻み、お肉やお魚のだしと一緒に煮こんだ白菜鍋にすると、白菜のかさ増し効果によって、満腹感が得られます。

また、白菜は外用にも使え、熱を吸収してくれる作用もあります。かゆみや炎症などで、部分的に熱を持っているような所に、表面に切れ目を入れた白菜を肌に密着させ、その上から服を着て固定すると、患部の熱をとることができます。

白菜（ビタミンC、食物繊維）

＋ **鶏肉**（メチオニン）＋ **牛乳**（リジン）→ **肝機能強化**

白菜（カリウム）

＋ **めかぶ**（アルギン酸）＋ **冬瓜**（シトルリン）→ **むくみ解消、利尿効果**

白菜（食物繊維）

＋ **玄米**（難消化性でんぷん）＋ **かぼちゃ**（ビタミンC、ビタミンE）→ **便秘改善、腸の蠕動運動活発化**

豊富なカリウムと水溶性食物繊維でスッキリむくみ解消

『白菜と冬瓜のとろとろぞうすい』

材料

- **1群** 玄米ご飯
- **2群** 白菜、冬瓜、キュウリ、にんじん、めかぶ
- **3群** サケ

つくり方

1. キュウリ以外の野菜、サケはフードプロセッサーでみじん切りにする。
2. 鍋に**1**と具材がかぶる程度の水を加え、煮る。
3. **2**を器に盛りつけ、みじん切りにしたキュウリをトッピングする。

ビタミンUで胃腸の健康を保つ

キャベツ

2群

主な栄養素	栄養評価	100g中含有量
ビタミンC	🐾	41㎎
ビタミンK	🐾	78㎍
カルシウム	🐾	43㎎

■効能■

- ビタミンU　胃潰瘍対策
- ビタミンC　免疫力アップ
- β-カロテン　がん予防
- カリウム　利尿作用

栄養と薬効

冬から春にかけてが旬のキャベツは、免疫力をアップするビタミンCの含有量が、野菜の中ではトップクラスの野菜です。芽キャベツには、キャベツの3倍のビタミンCを含んでいます。

キャベツから発見されたキャベジン(ビタミンU)は、胃の粘膜を再生、強化し、胃炎や胃潰瘍対策に有効です。

キャベジンもビタミンCも、芯の部分に多く含まれているので、フードプロセッサーでみじん切りにして他の野菜と煮込むとよいでしょう。

抗がん作用があるといわれるβ-カロテンや、デトックス効果のある食物繊維も含むので、免疫力アップには最適です。

Dr.須崎のワンポイントアドバイス

キャベツの栄養素を胃腸へ吸収されやすくするには、加熱調理がおすすめです。加熱をすることで、保存もききますし、かさも減るため、たくさん食べてくれるメリットがあります。

また、よくある間違った噂として、「キャベツをはじめとするアブラナ科の食材には、甲状腺を腫らす作用があるので、食べ過ぎは危険です」というものがあるのですが、自分の体重よりもかなり多めの量を一度に食べないと、症状は出ません。

キャベツはデザイナーフーズのひとつで栄養価も高いため、普段から与えて欲しい食材ですし、かさ増しにもなるため、ダイエットの子にもおすすめです。

百科事典

キャベツ（ビタミンU、ビタミンK）

かぼちゃ（ビタミンA、ビタミンC、ビタミンE） ＋ さといも（ムチン） → 胃潰瘍予防

キャベツ（イソチオシアネート）

ブロッコリー（スルフォラファン、ビタミンC） ＋ さつまいも（ガングリオシド、食物繊維） → がん予防

キャベツ（ビタミンC）

桜えび（キチン） ＋ オクラ（ムチン） → 免疫力アップ

ビタミンUが胃の働き、粘膜を正常に保ちます

『雑穀ミネストローネ』

材料

- 1群 雑穀ごはん
- 2群 キャベツ、かぼちゃ、さといも、トマト、セロリ
- 3群 豚肉

つくり方

1. 野菜、豚肉をフードプロセッサーでみじん切りにする。
2. 鍋に**1**と具材がかぶる程度の水を加えて煮る。

豊富な食物繊維でお腹スッキリ！

たけのこ

2群

主な栄養素	栄養評価	100g中含有量
カリウム		**520㎎**
チロシン		**180㎎**
食物繊維		**2.8g**

■効能■

- 食物繊維 **便秘改善**
- 食物繊維 **糖尿病対策**
- グルタミン酸 **老化防止**
- チロシン **新陳代謝促進**

栄養と薬効

特有のうまみ成分を持つたけのこは、春に多くみられる食材のひとつです。たけのこのうまみ成分には、疲労を回復するアスパラギン酸や冬の間に溜まった毒素の排泄を促し、新陳代謝を活発にするチロシン、老化を防止するグルタミン酸などの有力アミノ酸が含まれています。

たけのこについている白い粉をカビだと思う飼い主さんたちがいらっしゃるですが、実は、その白い粉がチロシンなので、心配不要です。

不溶性食物繊維の一種であるセルロースやリグニンなどの食物繊維が豊富なので、便秘や肥満、糖尿病の子には、食事に取り入れてみてください。

Dr.須崎のワンポイントアドバイス

たけのこは、咳やくしゃみが止まらないときや、風邪をひいているときに食べると有益なことがあります。たけのこの下の部分は硬いため、真ん中から上のやわらかい部分を細かく切って与えてください。

たけのこは生のままでは食べられません。また、たけのこのえぐみには、ホモゲンチジンサンという成分があるのですが、米ぬかのカルシウムと結合すると消えるので、米ぬかと一緒に湯がいてから、調理しましょう。

また、たけのこはカリウムが豊富で、他の植物よりも加熱によるカリウムの減少率が低いため、排尿促進やむくみ解消にも効果的です。

百科事典

たけのこ（チロシン、アスパラギン酸）

ひじき（ヨウ素） ＋ 牛もも肉（亜鉛） → **新陳代謝促進**

たけのこ（食物繊維）

わかめ（マグネシウム、クロム） ＋ シジミ（タウリン） → **糖尿病予防**

たけのこ（グルタミン酸）

大豆（レシチン） ＋ アジ（DHA、EPA） → **老化防止、健脳**

体力アップの牛肉にタケノコのチロシンを加え代謝促進

『牛肉とたけのこの炊き込みご飯』

材料

- **1群** 玄米ごはん（炊飯済）、油揚げ
- **2群** たけのこ、ひじき、にんじん、グリンピース、しょうが
- **3群** 牛もも肉

つくり方

1. グリンピース以外の野菜、牛肉はフードプロセッサーでみじん切りにする。
2. 炊飯器に**1**と米、分量の水を入れ、炊飯する。
3. **2**にあらかじめ茹でておいたグリンピースを混ぜ合わせる。

ぐんぐん伸びる生命力が、疲労回復＆滋養強壮の素

2群

アスパラガス

主な栄養素	栄養評価	100g中含有量
アスパラギン酸	🐾🐾🐾	430 mg
β-カロテン	🐾🐾	380 μg
ビタミンC	🐾	15 mg

■効能■

- アスパラギン酸 **疲労回復**
- ルチン **動脈硬化対策**
- β-カロテン・ビタミンC **老化防止**
- クロロフィル **貧血対策**

栄養と薬効

アスパラガスに含まれるアスパラギン酸は、疲労物質である乳酸の代謝分解を促し、疲労回復や体力アップに効果的で、漢方では免疫力を上げる食材と考えられています。

穂先にはルチンが多く、毛細血管の通りを良くし、血行を改善して動脈硬化を防止。コラーゲンの生成も促進してくれます。

β-カロテンやビタミンCも多く、抗酸化作用のあるセレンを伴うことで、老化防止やがん予防、免疫力を強化する作用が強くなります。

また、クロロフィルなどの葉緑素は、貧血やがんの予防、解毒やコレステロール値の低下などに有効です。

Dr.須崎のワンポイントアドバイス

アスパラガスは、栽培方法の違いで、グリーンとホワイトがあります。ビタミンCやβ-カロテンは、グリーンの方が多く含むので、どちらか迷ったときは、グリーンを選びましょう。

疲れやすい子や歳をとって体力がなくなった子に最適な食材です。茹で汁に栄養分がしみ出るため、おじやのスープなどで上手に摂取しましょう。また、茹でて柔らかくなったアスパラガスを細かく切って食べさせると、嫌がらずに食べてくれます。食物繊維も多いため、便秘改善にはおすすめです。

アスパラガスのベーコン巻きをつまようじごと食べられることが多いので、ご注意を。

アスパラガス（クロロフィル）

＋ じゃがいも（ビタミンC）＋ 牛肉（鉄、ビタミンB_{12}）→ **貧血予防**

アスパラガス（ルチン、食物繊維）

＋ ブロッコリー（ビタミンC）＋ タラ（EPA、タウリン）→ **動脈硬化予防**

アスパラガス（アスパラギン酸）

＋ 鶏肉（イミダペプチド）＋ かぶ（ビタミンB群、ビタミンC）→ **疲労回復**

アスパラギン酸と鶏肉のアミノ酸で疲労回復促進

『鶏とアスパラのみぞれ煮』

材料

- **1群** 玄米ごはん（炊飯済）、すりごま
- **2群** アスパラガス、かぶ（根、葉）、まいたけ
- **3群** 鶏肉
- **その他** ごま油

つくり方

1. かぶの根以外の野菜、鶏肉はフードプロセッサーでみじん切りにする。
2. 鍋にごま油を熱し、**1**を加え、鶏肉の表面が白っぽくなるまで炒め、具材がかぶる程度の水を加えて煮る。
3. **2**の火をとめ、かぶのすりおろし、ごまを加えて混ぜ合わせる。

豊富なビタミンCで、がん&生活習慣病を予防

ブロッコリー

2群

主な栄養素	栄養評価	100g中含有量
β−カロテン		770㎍
葉酸		120㎍
ビタミンC		54㎎

効能

- スルフォラファン **がん予防**
- 食物繊維 **便秘改善**
- クロム **糖尿病対策**
- ビタミンC **免疫力アップ**

栄養と薬効

びっしりとついた無数のつぼみに、開花に必要な栄養素が詰まっているブロッコリーは、ビタミンCがレモンより多く含まれるので、免疫力アップに効果的な食材のひとつです。

また、ブロッコリーに含まれるスルフォラファンには、強い解毒作用があるため、発がん物質を体外に排出し、がん予防に威力を発揮します。インスリンの分泌を促進するクロムが、糖尿病対策に有効です。

ブロッコリーのつぼみが、やや紫がかって見えるのは、活性酸素を除去してくれる、ポリフェノールの一種・アントシアニンによるもの。食物繊維も豊富で、便秘を解消してくれます。

Dr.須崎のワンポイントアドバイス

ブロッコリーは、なんといっても、抗がん作用のある物質が多く含まれることで有名です。抗酸化物質であるルテインが多く、目にもいいので、サプリメントの代わりに普段から摂るといいでしょう。

栄養面では、免疫力をアップしてくれるビタミンC以外にも、造血ビタミンのビタミンB_6や葉酸、鉄などが、貧血対策に有益です。

最近は、ブロッコリーの新芽であるブロッコリースプラウトも注目を浴びています。がん予防効果のあるスルフォラファンは、ブロッコリーの約20倍!多くのビタミンやミネラル類をバランス良く含んでいます。

ブロッコリー(スルフォラファン、イソチオシアネート、ビタミンC)

＋トマト(リコピン)　＋かぼちゃ(ビタミンE)　→ がん予防

ブロッコリー(クロム、食物繊維)

＋鶏ささみ(ビタミンQ)　＋酢(酢酸)　→ 糖尿病予防

ブロッコリー(ビタミンC)

＋レバー(ビタミンA)　＋ごま(セレン、ビタミンE)　→ 免疫力アップ

ビタミンA、C、Eが豊富は緑黄色野菜でがん予防

『緑黄色野菜のラタトゥイユ』

材料

- 1群　マカロニ
- 2群　ブロッコリー、トマト、かぼちゃ、なす、パプリカ
- 3群　鶏肉
- その他　オリーブオイル

つくり方

1. 野菜、鶏肉はフードプロセッサーでみじん切りにする。
2. 鍋にオリーブオイルを熱し、1を炒める。
3. 2にゆでたマカロニと、水を少し加えてふたをして蒸し煮にする。

カリウムの利尿作用でむくみを解消

キュウリ

2群

主な栄養素	栄養評価	100g 中含有量
ビタミンC		14 ㎎
β-カロテン		330 ㎍
カリウム		200 ㎎

効能

- カリウム　**利尿作用**
- ククルビタシンC　**がん予防**
- イソクエルシトリン　**鎮静作用**
- 食物繊維　**便秘改善**

栄養と薬効

夏野菜の代表格であるキュウリは、カリウムが豊富です。利尿作用があるので、ほてり、膀胱炎、むくみに効きます。また、キュウリ特有のキュウリサポニンは、腎臓の炎症を抑え、苦味成分であるイソクエルシトリンには利尿作用や鎮静作用があります。

キュウリの頭部にある苦味は、ククルビタシンA・B・C・Dという4種類の物質で、ククルビタシンCには抗がん作用があります。

食物繊維がコレステロールや老廃物の排出を促し、腸内の善玉菌を増やして便秘を改善。キュウリに含まれる香り成分ピアジンは、血流を改善します。

Dr.須崎のワンポイントアドバイス

夏から秋が旬のキュウリは、全体の95％が水分で構成されています。ですから、夏場の熱射病予防として、水分補給代わりに、昼間のおやつなどで積極的に摂取するとよいでしょう。

また、キュウリに限らず、冬瓜、すいか、苦瓜などウリ科の食物には利尿作用があります。特に、冬瓜は保存のきく食材なので、腎臓の弱い子には、加熱した後、小分けに保存しておくと便利でしょう。

ヘタの苦い部分に抗がん作用物質であるククルビタシンなどが含まれますが、苦味が苦手な子には、他の部分をあげてください。キュウリは熱を伴う下痢にも効果的な食材です。

キュウリ（カリウム、食物繊維）

＋ 冬瓜（シトルリン） ＋ ごぼう（イヌリン） → 利尿作用、むくみ改善

キュウリ（ククルビタシンC）

＋ アジ（セレン） ＋ 豆腐（イソフラボン） → がん予防

キュウリ（イソクエルシトリン）

＋ セロリ（セダノリッド、セネリン、アピオイル） ＋ レタス（ラクッコピコリン） → 鎮静作用、精神安定

キュウリのカリウム＋食物繊維で利尿、腎臓病を予防

『タラとキュウリのだし茶漬け』

材料

- **1群** 麦ご飯（炊飯済）、すりごま
- **2群** キュウリ、冬瓜、ごぼう
- **3群** アジ
- **その他** ごま油

つくり方

1. アジとキュウリ以外の野菜はフードプロセッサーでみじん切りにする。
2. **1**を鍋に入れ、ごま油で炒め、具材がかぶるほどの水を加えて煮る。
3. 粗熱をとった**2**にみじん切りにしたキュウリ、すりごまを加え、器に盛ったごはんにかける。

リコピンの強い抗酸化作用で老化防止＆がん予防

トマト

2群

主な栄養素	栄養評価	100g中含有量
β-カロテン	🐾🐾	**540 μg**
ビタミンC	🐾	**15 mg**
カリウム	🐾	**210 mg**

■効能■

- リコピン **がん予防**
- β-カロテン **老化防止**
- α-リノレン酸 **動脈硬化対策**
- クエン酸 **疲労回復**

栄養と薬効

三大抗酸化ビタミンであるβ-カロテン、ビタミンC・Eが豊富なトマトは、強力な活性酸素除去力を持ち、免疫力アップや老化防止に効果的です。

トマトに含まれる赤い色素のリコピンは、β-カロテンの2倍、ビタミンEの100倍の抗酸化作用があり、がん予防に役立つといわれています。

酸味成分のクエン酸は、胃の働きを促進するので胃腸を整えるほか、疲労回復効果もある優れものです。また、α-リノレン酸が動脈硬化やがんを予防し、食物繊維のペクチンが便秘を改善してくれるなど、デザイナーフーズの一食材として、マルチな効果が期待できる食材です。

Dr.須崎のワンポイントアドバイス

初めて食べさせたトマトが酸味の強いトマトだったために、それ以降トマトを食べなくなった子がいます。トマトは、ものによって酸味が強いことがあるため、与える前に飼い主さんが先に食べて、味を確認してからあげるとよいでしょう。酵素をそのまま摂るには生にこしたことはありません。しっかり熟した、甘みの多いトマトを食べさせてあげてください。

また、「種や皮がウンチに出てきたので、吸収されない！」という話をよく聞きますが、トマトの皮や種が出てきても特に問題はありません。

キュウリ同様、夏場の水分補給やおやつに便利な食材です。

トマト（リコピン、クエン酸）

＋ 卵（レシチン） ＋ キャベツ（ビタミンC、イソチオシアネート、インドール化合物） → がん予防

トマト（β-カロテン）

＋ ブロッコリー（ビタミンC、スルフォラファン） ＋ じゃがいも（クロロゲン酸） → 抗酸化作用、老化防止

トマト（クエン酸、リンゴ酸）

＋ イワシ（セレン、コエンザイムQ10、ビタミンB_1） ＋ にんにく（アリシン） → 疲労回復、体力増強

リコピンの抗酸化作用でがん予防

『プチトマトとキャベツのスープごはん』

材料

- 1群　雑穀ごはん（炊飯済）
- 2群　プチトマト、キャベツ
- 3群　卵、カッテージチーズ
- その他　オリーブオイル

つくり方

1. 野菜はフードプロセッサーでみじん切りにする。
2. 鍋にオリーブオイルを熱し、1とご飯を加えてを軽く炒め、具材がかぶる程度の水をを加えて煮る。
3. 2に溶き卵を流し入れ、半熟状になったらひと混ぜして器に盛る。
4. 仕上げにカッテージチーズをトッピングする。

青紫の色素、アントシアニンが病気を撃退！

なす

主な栄養素	栄養評価	100g中含有量
カリウム		**180 mg**
葉酸		**22 μg**
食物繊維		**2.1 g**

■効能■

アントシアニン **がん予防**

アントシアニン **動脈硬化対策**

アントシアニン **糖尿病対策**

コリン **脳機能強化**

栄養と薬効

なすの特徴は、なんといっても、青紫の色素であるアントシアニンにあります。なすに含まれるアントシアニンは、ナスニンと呼ばれ、強い抗酸化作用を発揮し、がん予防、老化防止に効果を発揮してくれます。また、毛細血管を強化するので、内出血を防ぎ、動脈硬化や糖尿病などの生活習慣病予防に効果があります。

さらに神経伝達物質であるコリンが脳機能を強化し、記憶力を向上させるといわれています。エネルギー代謝を助ける、ビタミンB群が多い食品と組み合わせることで、疲労回復効果が高まる食材です。夏バテの子に与えるとよいでしょう。

Dr.須崎のワンポイントアドバイス

なすには抗炎症作用があるので、食べるだけでなく、外用としても有益な食材です。

スライスしたなすや、生なすをすりおろして作ったしぼり汁を、ガーゼなどにくるんで患部に貼ると、症状が落ち着くことがあります。

試しに一か所貼ってみて、症状が落ち着くようでしたら、パックのようにして使ってみることもおすすめします。

また、歯周病の子や口臭が臭い子には、なすを使った口内ケアも効果的です。なすのしぼり汁や、なすのへたをトースターで黒くカリカリになるまで焼いたものを歯ブラシにつけ、歯を磨いてあげてください。

なす（アントシアニン）

＋ おから（食物繊維） ＋ ごま（オレイン酸） → 動脈硬化予防、血中コレステロール減少

なす（アントシアニン）

＋ しいたけ（β-グルカン） ＋ にんじん（β-カロテン） → がん予防

なす（アントシアニン）

＋ アサリ（クロム、亜鉛） ＋ かぶ（ビタミンC、カリウム） → 糖尿病予防

アントシアニンに亜鉛をプラス。血管強化、糖尿病予防

『なすとアサリのあんかけうどん』

材料

- 1群 うどん
- 2群 なす、かぶ、かぼちゃ、いんげん、にんじん
- 3群 アサリ
- その他 片栗粉

つくり方

1. 野菜はフードプロセッサーでみじん切りにする。
2. 鍋に**1**とアサリを入れひと煮立ちさせる。
（殻つきのアサリを使用する場合は、だしをとったら殻を外しましょう）
3. **2**にうどんを加えて、火が通ったら、水溶き片栗粉でとろみをつける。

ネバネバ成分が免疫力をアップして便秘も改善

オクラ

2群

主な栄養素	栄養評価	100g中含有量
β-カロテン	🐾🐾	670 μg
カルシウム	🐾	90 mg
食物繊維	🐾	5.2 g

■効能■

- ムチン　**免疫力アップ**
- ペクチン　**糖尿病対策**
- 食物繊維　**便秘改善**
- カリウム　**夏バテ予防**

栄養と薬効

ネバネバが特徴のオクラは、β-カロテンやビタミンB_1・C、カルシウム、鉄などをバランスよく含むので、ミネラル補給に便利な食材です。

利尿作用のあるカリウムや、たんぱく質の吸収を促進し、スタミナと免疫力をアップさせるムチンも含まれるので、夏バテ予防におすすめです。

また、ネバネバの主成分である、水溶性食物繊維のペクチンや、多糖類のムチンが、便秘改善に有益です。ペクチンには、血中コレステロールを減らす効果や、糖質の吸収をゆるやかにしてくれる効果があるので、血糖値が気になる子は、是非食べさせてあげてください。

Dr.須崎のワンポイントアドバイス

オクラは、熱湯をかけてからみじん切りにして、おじやなどに混ぜてあげると、血流改善が期待できます。そばやお好み焼きなどのトッピングとして活用すると、手軽で便利に栄養を摂れます。

免疫力をアップさせるのに欠かせないネバネバ成分効果を大いに活用したい場合は、すりおろしたやまいもと、細かく刻んだオクラを混ぜ、最後に納豆を入れてごはんにかけると、のどごしがよいため、犬はたくさん食べてくれます。食欲がない子や、夏バテをしている子には、一度お試しになってみてください。また、種がウンチから出てきても、心配はいりません。

オクラ（カリウム）

納豆（ビタミンB_2、アルギニン、マグネシウム）＋マグロ（ビタミンB_1、ビタミンB_6）→ **夏バテ解消**

オクラ（ペクチン）

山芋（ビタミンB_1、マグネシウム、亜鉛）＋めかぶ（γ-リノレン酸、フコイダン）→ **糖尿病予防、血糖値低下**

オクラ（ムチン、β-カロテン）

そば（ルチン）＋桜えび（キチン・キトサン）→ **免疫力アップ**

ねばねば成分とビタミンB群でスタミナアップ、夏バテ解消

『ねばねばお好み焼き』

材料

- **1群** 小麦粉、納豆
- **2群** オクラ、山芋、キャベツ、にんじん
- **3群** マグロ、さくらえび
- **その他** ごま油

つくり方

1. 野菜、マグロはフードプロセッサーでみじん切りにする。
2. 全ての具材を混ぜあわせ、適量の小麦粉、水を加え、焼きやすい固さに生地を調整する。
3. ごま油をしいたフライパンで両面を焼く。

β-グルカンと食物繊維の相乗効果で免疫力を強化

2群

きのこ

主な栄養素	栄養評価	100g中含有量
ナイアシン	🐾	**3.1 mg**
ビタミンD	🐾🐾	**2.4 μg**
食物繊維	🐾🐾	**4.7 g**

■効能■

- β-グルカン **免疫力アップ**
- エリタデニン **動脈硬化対策**
- エルゴステリン **骨の強化**
- 食物繊維 **整腸作用**

栄養と薬効

強力な抗がん作用を持つβ-グルカンを豊富に含むきのこは、白血球のがん細胞を食べる能力を高めてくれるので、免疫力アップに役立つといわれています。

食物繊維が体内にある有害物質や発がん物質を吸着し、便と共に体外に排出するほか、ビフィズス菌を腸内に増やすので、強力な整腸作用が期待できます。

誰もが知っているしいたけには、エリタデニンと呼ばれるしいたけ特有の成分があり、コレステロール値を下げてくれるので、動脈硬化予防になります。

干しいたけは、ビタミンDを含むので、腸から吸収されにくいカルシウムの吸収を高め、骨の強化に有益です。

Dr.須崎のワンポイントアドバイス

さまざまな種類があるきのこの中でも、味や香りのよいまいたけは、きのこの一級品とされています。ビタミンB群や活性酸素の働きを抑制するビタミンB_2、水溶性ビタミンのナイアシンが豊富なので、皮膚病の子にもおすすめです。

また、ヌルヌル食材でおなじみのなめこは、ヌメリ成分のムチンが糖分や発がん物質を吸着し、便と共に排出してくれます。肝機能や腎機能強化にも役立つので、免疫力アップに是非使いたい食材です。

きのこ類を食べさせるときは、中に詰まった有効成分を十分摂れるように、きのこを細かく刻んでよく煮出してください。

きのこ（食物繊維）

＋ にんじん（オリゴ糖） ＋ チーズ（乳酸菌） → **整腸作用**

きのこ（エリタデニン）

＋ ごぼう（リグニン、セルロース） ＋ なす（ナスニン） → **動脈硬化予防**

きのこ（エルゴステリン、ビタミンD）

＋ ちりめんじゃこ（カルシウム、マグネシウム） ＋ 小松菜（ビタミンK） → **骨の強化**

食物繊維でおなかスッキリ、老廃物を排出

『きのこのチーズリゾット』

材料

1群 玄米ごはん（炊飯済）、豆腐、とうもろこし

2群 きのこ（しめじ、えのき、しいたけ）、にんじん

3群 サケ、モッツァレラチーズ

つくり方

1. サケと野菜はフードプロセッサーでみじん切りにする。
2. 鍋に**1**、手でくずした豆腐、ご飯を入れ、具材がかぶる程度の水を加えて、にんじんに火が通るまで煮る。
3. **2**を器に盛り、刻んだチーズをトッピングする。

豊富に含まれる消化酵素が健康を促進

大根

2群

主な栄養素	栄養評価	100g中含有量
鉄	🐾	0.2 mg
ビタミンC	🐾	9 mg
食物繊維	🐾	1.6 g

■効能■

- ペルオキシダーゼ **がん予防**
- 食物繊維 **便秘改善**
- グルコシノレート **解毒機能強化**
- ジアスターゼ **消化促進**

栄養と薬効

大根の栄養成分で、特に注目すべきは、ペルオキシダーゼやジアスターゼなどの複数の消化酵素を豊富に含んでいる点です。

消化酵素は、胃腸の働きを助けて消化を促進する効果があり、ペルオキシダーゼという酵素は、消化促進以外にも、がんの原因となる有害物質を分解する作用もあります。また、解毒機能を強化するグルコシノレートも含まれるので、発がん物質を体外へ排出するのに役立ちます。

また、大根の葉は、根の4倍のビタミンCを含み、強い抗酸化作用を持つβ-カロテンも豊富なので、免疫力アップに有益です。ぜひ捨てずに細かく刻んでおじやに入れてください。

Dr.須崎のワンポイントアドバイス

大根は食物繊維が豊富なので、便秘改善にも有効な食材です。

切干大根は日光に干すことでカルシウムが15倍、鉄分が32倍、ビタミンB_1、B_2が10倍にアップします。甘みも増すので、好きな犬は多いようです。おじやの具に入れると喜んで食べてくれます。

大根の根先部分は辛いので、食べるのを嫌がる子も多いようです。大根おろしにするときは、真ん中から葉に近いほうをあげてください。また、脂漏症《しろうしょう》の子は、すりおろした大根をガーゼにくるんで肌につけると、脂分を取ってくれます。皮膚が成分を吸い取ったら、ガーゼを必ず取り替えてあげてください。

大根（ペルオキシターゼ）

＋ ごぼう（リグニン、クロロゲン酸）＋ にんじん（β-カロテン）→ **がん予防**

大根（グルコシノレート）

＋ ほうれんそう（ケルセチン）＋ 鶏肉（メチオニン）→ **解毒、肝機能強化**

大根（ジアスターゼ）

＋ 納豆（納豆菌）＋ やまいも（アミラーゼ）→ **消化促進**

根に含まれる消化酵素で消化機能をサポート

『おろし大根のお粥』

材料

- **1群** 玄米ごはん（炊飯済）、納豆
- **2群** 大根（根、葉）、にんじん、やまいも、青のり
- **3群** 鶏肉、鰹節

つくり方

1. 大根と山芋はすりおろす 。
2. フードプロセッサーで、にんじん、大根葉、鶏肉をみじん切りにする。
3. 鍋に**2**とご飯、鰹節を入れて、具材がかぶる程度の水を加えて、弱火でじっくり煮込む。
4. **3**を器に盛り、納豆、**1**、青のりを混ぜ合わせたものをトッピングする。

根・茎・葉に栄養素があり、胃腸に優しい

かぶ

2群

主な栄養素	栄養評価	100g中含有量
ビタミンC	🐾	16mg
カルシウム	🐾	28mg
カリウム	🐾🐾	310mg

効能

- 食物繊維　**動脈硬化対策**
- ジアスターゼ　**消化促進**
- アリルイソチオシアネート　**がん予防**
- β-カロテン・ビタミンC　**免疫力アップ**

栄養と薬効

春の七草のひとつに数えられるかぶは、白い根の部分だけでなく、茎や葉にも優れた栄養素が含まれています。

かぶ全体に含まれる辛み成分のアリルイソチオシアネートは、解毒や血栓防止作用があるので、がん予防が期待できます。加熱すると辛みは和らぐので、犬が嫌がらずに食べてくれます。

根には消化を促進するジアスターゼが多く、胃腸の働きをよくするので、食欲増進に効果的です。豊富なβ-カロテンやビタミンCを持つ葉は、免疫力アップに有益です。アブラナ科の食材であるかぶは、抗がん作用が高いので、旬の春と冬には是非食事に取り入れてください。

Dr.須崎のワンポイントアドバイス

大根同様、かぶには消化を促進する作用がありますが、かぶは大根と比べると火の通りが早く、あっという間にやわらかく煮えるため、忙しいときには調理の時間がさほどかからないかぶをおすすめします。

漢方では、内臓の働きを良くし、体内にある余分な水分を取り除き、解毒作用があるため、常食すると、強い体を作れるとされています。

口の渇きをいやし、ガスを抜く作用もあるので、冬には常食するとよいでしょう。

また、胃腸を温める効果があるので、冷えから来る腹痛で悩んでいる子には、是非おじやにしてあげてください。

百科事典

かぶ（アリルイソチオシアネート）

＋ ブロッコリー（スルフォラファン） ＋ まいたけ（β－グルカン） → がん予防

かぶ（食物繊維）

＋ 油揚げ（大豆サポニン） ＋ サケ（EPA、DHA） → 動脈硬化予防、血中脂質低下

かぶ（β－カロテン、ビタミンC）

＋ 桜エビ（タウリン、キチン質） ＋ 大豆（大豆ペプチド） → 免疫力アップ、疲労回復

アブラナ科の野菜のイソチオシアネートでがん予防

『かぶとブロッコリーのそぼろあんかけ』

材料

- **1群** 玄米ごはん（炊飯済）
- **2群** かぶ、ブロッコリー、まいたけ、さつまいも
- **3群** 鶏ひき肉
- **その他** ごま油、片栗粉

つくり方

1. 野菜、鶏肉はフードプロセッサーでみじん切りにする。
2. 鍋にごま油を熱し、1を炒め、具材がかぶる程度の水を加えて煮込む。
3. 仕上げに水溶き片栗粉でとろみをつけ、器に盛った玄米ごはんにかけて完成。

豊富な食物繊維が腸内をキレイに！

ごぼう

2群

主な栄養素	栄養評価	100g中含有量
鉄		0.7㎎
亜鉛		0.7㎎
食物繊維		6.1g

■効能■

- 食物繊維 **便秘改善**
- イヌリン **利尿促進**
- イヌリン **糖尿病対策**
- ペルオキシダーゼ **がん予防**

栄養と薬効

秋から冬にかけてが旬のごぼうは、野菜の中でも一番多く食物繊維を含みます。水溶性・不溶性食物繊維をバランスよく含む良質な食材で、ごぼうの食物繊維は、お肉やお米の数十倍の水分を吸収して、便通をよくしてくれます。

水溶性食物繊維のイヌリンは、血糖値の上昇を抑え、コレステロール値を下げてくれる働きが糖尿病対策に有益です。さらに、腎臓機能を高める利尿作用があるので、有害物質を体の外へ出すのに効果的です。

また、ペルオキシダーゼと呼ばれる酵素が、活性酸素を除去するので、がんや老化の予防に効果を発揮します。

Dr.須崎のワンポイントアドバイス

中国では食材として摂られるよりも、もっぱら薬用の野菜として知られているほど滋養強壮効果があり、他にも解毒や浄血、抗菌作用など、元気な体を作るのに有益な野菜です。

西洋では、泌尿器系のトラブルになると、〝バードック〟と呼ばれるハーブを使うことが多いですが、実は〝バードック〟とはごぼうのことなのです。

根野菜なので体を温めるほか、ポリフェノール類が多いので、抗がん作用が期待できます。

ごぼうはアクが強いため、ゆでこぼして使いましょう。また、フードプロセッサーで細かくすると、胃腸が弱い子でもラクに消化ができるようになります。

ごぼう（食物繊維、オリゴ糖）

豚肉（ビタミンB_1、脂質）＋ わかめ（フコイダン）→ 便秘改善

ごぼう（イヌリン）

玄米（食物繊維、難消化性でんぷん）＋ かぼちゃ（ペクチン）→ 糖尿病予防、血糖値低下

ごぼう（ペルオキシターゼ）

ピーマン（カプサンチン、ビタミンC）＋ しいたけ（エルゴステリン）→ がん予防

たっぷりの食物繊維で血糖値上昇を緩やかに！　糖尿病予防

『根菜たっぷりおじや』

材料

- 1群　玄米ごはん（炊飯済）、グリンピース
- 2群　ごぼう、かぼちゃ、にんじん、大根
- 3群　カツオ
- その他　ごま油

つくり方

1. グリンピース以外の野菜、カツオはフードプロセッサーでみじん切りにする。
2. 鍋にごま油を熱し、**1** を炒める。
3. **2** にご飯と具材がかぶる程度の水を加えて、煮込む。
4. 最後にグリンピースを加えひと煮立ちさせて完成。

豊富なビタミンCと食物繊維が生活習慣病を予防

れんこん

2群

主な栄養素	栄養評価	100g中含有量
ビタミンC		18mg
カルシウム		20mg
食物繊維		2.3g

効能

食物繊維 **糖尿病対策**

タンニン **殺菌作用**

ムチン **胃潰瘍対策**

ビタミンC **免疫力アップ**

栄養と薬効

強い抗酸化作用のあるビタミンCが豊富なれんこんは、免疫力アップに効果的な食材です。脂質の酸化を防止するため、動脈硬化や糖尿病などの生活習慣病予防にも役立ちます。

れんこんは、切ってしばらくすると、切り口が変色しますが、それはタンニンと呼ばれるポリフェノールの一種が含まれるためです。タンニンには、抗酸化作用や殺菌効果があるので、がん予防に有益です。

ヌルヌル成分の水溶性食物繊維・ムチンが、胃壁を保護してくれるので、胃が弱い子にはぜひ食べさせてあげてください。

食物繊維も豊富で、コレステロールを排出してくれます。

Dr.須崎のワンポイントアドバイス

れんこんは煮込むととろみがつくので、食材がいい具合にまとまり、食べやすくなります。また、よく煮ると辛みが消えるため、犬に優しい味になります。れんこんを使うときは、フードプロセッサーで細かくして使うとよいでしょう。

せきなどが出る呼吸器系疾患の子には、れんこんの成分が有効なことが多いので、積極的に食べさせてあげてください。

また、さまざまな出血を止める止血作用があるので、細かく切って、煮汁と一緒にあげることをおすすめします。

れんこんの種子である〝ハスの実〟は、栄養満点なので是非一度お試しになってください。

れんこん（ムチン）

＋鶏肉（ビタミンA）＋キャベツ（ビタミンU）→胃潰瘍、十二指腸潰瘍予防

れんこん（タンニン）

＋大根（ジアスターゼ）＋もやし（アミラーゼ）→胃腸の調子を整える

れんこん（ビタミンC、ムチン）

＋おから（サポニン）＋ひじき（フコイダン）→免疫力アップ

ビタミンC、抗酸化作用で免疫力アップ

『れんこん鶏団子スープ』

材料

- 1群　雑穀ごはん（炊飯済）、おから
- 2群　れんこん、ひじき、小松菜、にんじん
- 3群　鶏ひき肉
- その他　片栗粉

つくり方

1. 小松菜、にんじんは食べやすい大きさに切る。れんこんはすりおろす。
2. ボウルに、鶏ひき肉、すりおろしたれんこん、ひじき、おから、適量の片栗粉を混ぜあわせ、団子のたねを作る。
3. 鍋ににんじんと水を入れ、沸騰したら、一口大に丸めた鶏団子を入れ、ひと煮立ちさせる。
4. 最後にご飯と小松菜を加え火を通す。

豊富なビタミンCと抗ウイルス活性で風邪を撃退！

じゃがいも

2群

主な栄養素	栄養評価	100g中含有量
ビタミンB_1		0.06㎎
ビタミンC		21㎎
カリウム		340㎎

■効能■

カリウム
塩分排泄

ビタミンC
老化防止

クロロゲン酸
がん予防

食物繊維
糖尿病対策

栄養と薬効

じゃがいもは、主成分であるでんぷんが、豊富に含まれるビタミンCを加熱から守ってくれるので、効率的にビタミンCを摂取できる食材です。また、主成分はでんぷんですが、いも類の中ではカロリーが低く、ダイエットの子にもおすすめです。

抗酸化作用を持つビタミンCとポリフェノールの一種・クロロゲン酸の相乗効果で、免疫力を強化し、がん予防や老化防止、生活習慣病の予防に効果を発揮します。ビタミンCはコラーゲンの生成を促進するので、粘膜の保護にも有益です。

体内に溜まった塩分を排泄するカリウムには、筋肉の収縮を円滑にする働きもあります。

Dr.須崎のワンポイントアドバイス

じゃがいもは抗ウイルス活性があるという説もあり、飼い主さんが風邪を引きやすい時期に、愛犬と一緒に食べていただきたいものです。免疫力の初動部分を活性化するため、症状を悪化させない効果があります。

また、元気のない子には普段から常食させると、元気をつけてくれます。ごはんの代わりにもなるので、お米の代わりにじゃがいもを食べさせているお家もあるようです。食物繊維が多いので、慢性便秘で悩んでいる子には、積極的に与えてあげてください。なお、ふかして与える場合は、食後にかならず歯を磨いてあげてください。磨かないと、虫歯の原因になります。

百科事典

じゃがいも（クロロゲン酸）

＋ ほうれんそう（クロロフィル） ＋ ごま（セサミノール） → **がん予防**

じゃがいも（ビタミンC）

＋ 豚肉（アラキドン酸、ビタミンB群） ＋ ごま（リグナン、ビタミンE） → **免疫力アップ**

じゃがいも（ビタミンC、アルファリポ酸）

＋ のり（葉酸、核酸） ＋ 納豆（リノール酸、納豆菌） → **老化防止**

豊富なビタミンCにごまのビタミンEを加え、免疫力を強化

『肉じゃが』

材料

- **1群** すりごま、大豆、いんげん
- **2群** じゃがいも、にんじん、しめじ
- **3群** 豚肉
- **その他** ごま油

つくり方

1. 豚肉、野菜はフードプロセッサーでみじん切りにする。
2. 鍋にごま油を熱し、**1**を炒めあわせ、具材がかぶる程度の水を加えて煮込む。
3. 仕上げにすりごまを加える。

ヌルヌル成分が胃腸を健康に！

2群

さといも

主な栄養素	栄養評価	100g中含有量
ビタミンC	🐾	5mg
ビタミンB_1	🐾	0.06mg
カリウム	🐾🐾	560mg

■効能■

- 食物繊維　**便秘改善**
- ムチン　**強肝作用**
- ガラクタン　**老化防止**
- フィトステロール　**がん予防**

栄養と薬効

いも類の中では、水分が多いのが特徴のさといもは、糖質が少なめです。さといもに含まれるヌルヌル成分は、どれも善玉菌を増やして腸内環境を整えるので、生活習慣病予防に役立ちます。同じヌルヌル成分を持つれんこんより低カロリーなヘルシーフードで、ダイエットの子にもおすすめです。

　ヌルヌル成分の代表格、水溶性食物繊維の仲間であるムチンは、肝臓を強くし、胃の粘膜の保護機能や、免疫力の強化、滋養強壮、疲労回復など、さまざまな効果があります。水溶性食物繊維のグルコマンナンが便通を良くし、ガラクタンが血糖値をコントロールしてくれます。

Dr.須崎のワンポイントアドバイス

昔から胃腸や便秘の薬として、さといもは日本で使われてきました。さといもを長期間食べると、胃腸の調子が良くなるといわれています。

　さといもに含まれるフィトステロールは、香りや苦み成分の一種です。コレステロールの吸収を抑制しがん予防に有益です。血糖値と肥満が気になる子は、かゆみの症状さえ出なければ、主食として使っても問題ありません。さといもとにぼしをベースにした食事がおすすめです。

　また、吐く症状や下痢をしている子にも、普通の食事に戻す過程でぜひ使って頂きたい食材です。細かく切って、ぐつぐつ煮込んで与えてあげてください。

さといも（ムチン）

味噌（ギャバ） ＋ タラ（グルタチオン） → **肝機能強化**

さといも（フィトステロール）

サケ（アスタキサンチン） ＋ 豆乳（サポニン） → **がん予防**

さといも（食物繊維）

こんにゃく（マンナン） ＋ ヤラピン（さつまいも） → **便秘改善**

ヌルヌル成分ムチンで肝機能を強化

『さといもとタラ味噌おじや』

材料

- **1群** 玄米ごはん（炊飯済）、味噌
- **2群** さといも、白菜、にんじん、ほうれんそう
- **3群** タラ

つくり方

1. ほうれんそうはあらかじめ茹でておく。
2. タラ、ほうれんそう以外の野菜をフードプロセッサーでみじん切りにする。
3. 鍋に**2**と具材がかぶる程度の水を加えて煮る。
4. **3**に火が通ったら仕上げに刻んだほうれんそうを加える。

消化吸収と滋養強壮に優れた、食べる薬

やまいも

2群

主な栄養素	栄養評価	100g中含有量
ビタミンC		4㎎
ビタミンB1		0.08㎎
カリウム		430㎎

■効能■

ジアスターゼ
消化促進

ムチン
肝臓腎臓機能強化

ムチン
滋養強壮

デオスコラン
糖尿病対策

栄養と薬効

やまいもは、滋養強壮効果が非常に高く、「山の薬」と呼ばれ、古くから健康に有益な食材として使われてきました。

皮をむくと出てくるネバネバ成分には、大根の約3倍の消化酵素が含まれています。

消化酵素の、ジアスターゼやアミラーゼは、胃腸の働きを活発にして、でんぷんの消化吸収を助ける効果があります。

また、ヌルヌル成分でおなじみのムチンは、弱った胃の粘膜を保護するほか、肝臓や腎臓の機能を強化し、脂肪や糖分の吸収を抑制してくれます。

粘り成分のデオスコランは、血糖値を下げるので、糖尿病対策に有益です。

Dr.須崎のワンポイントアドバイス

日本原産のやまいもは、「じねんじょ」とも呼ばれています。

過熱をすると、やや消化が悪くなるため、すりおろして生で食べるのが理想的です。

やまいもの特徴は、なんといっても、〝元気にしてくれる〟ことです。がんで食欲もなくなって、立てなくなった子に、肉と一緒にやまいもを食べさせたところ、食欲が出て、立ち上がるまでに回復した子がいます。

病気になって元気のないときに、しっかりすって、食事に取り入れるのがおすすめです。

ストレスが多くて消化不良のときや、下痢の子、吐いてしまうような子には、積極的に食べさせてみてください。

やまいも（ムチン）

ちりめんじゃこ（リジン、メチオニン）＋ 発芽玄米（イノシトール）→ **肝機能強化**

やまいも（ムチン）

アスパラガス（アスパラギン酸）＋ ウナギ（ビタミンA、ビタミンB群）→ **滋養強壮**

やまいも（デオスコラン、食物繊維）

わかめ（フコキサンチン）＋ たけのこ（パラークマル酸、フェルラ酸）→ **糖尿病予防**

ムチンの力で肝機能を強化、滋養強壮スタミナアップ

『スタミナとろろチャーハン』

材料

- **1群** 玄米ごはん（炊飯済）
- **2群** やまいも、にんじん、アスパラガス
- **3群** ちりめんじゃこ、のり
- **その他** ごま油

つくり方

1. にんじん、アスパラガスは食べやすい大きさに切る。
2. 鍋にごま油を熱し、ちりめんじゃこと**1**、ご飯を炒め合わせる。
3. 仕上げに刻みのりを加え、器に盛り、山芋のすりおろしをトッピングする。

ビタミンCとアントシアニンが病気から体を守る

さつまいも

2群

主な栄養素	栄養評価	100g中含有量
ビタミンC		20㎎
ビタミンB_1		0.10㎎
カリウム		490㎎

■効能■

ビタミンC **免疫力アップ**

ヤラピン **便秘改善**

β―カロテン **老化防止**

アントシアニン **がん予防**

栄養と薬効

ビタミンCの含有量が、いも類の中ではトップのさつまいも。でんぷんにビタミンCが包まれているので、加熱に強いのが特徴です。さつまいもに含まれるビタミンCは加熱しても90％も残ります。

抗酸化作用に優れ、老化防止に有効なβ-カロテンは、さつまいもの黄色味が強いほど、その量が多くなります。紫いもに含まれる色素・アントシアニンは、ポリフェノールの一種で、抗酸化作用があり、がん予防に効果的です。さつまいもを切ったときに出てくる白い汁には、ヤラピンと呼ばれる成分が含まれており、便通を促進するので、便秘改善に有効です。

Dr.須崎のワンポイントアドバイス

豊富な食物繊維が腸をキレイにしてくれるので、便秘解消や大腸がん予防にかかせない食材です。ビタミンEの含有量は、玄米よりも多く、ビタミンAやCの働きを促進してくれます。

腎臓が弱い子や、皮膚のかさかさ、抜け毛が気になる子にはさつまいもがおすすめです。細かく刻んで、おじやの具にしてあげるとよいでしょう。お米の代わりにさつまいもを主食にしても構いません。

ふかしたり、焼いたりして、おやつに与えると喜ぶ犬が多いようです。ふかしたものを使って、いもようかんや茶巾にしてもよいでしょう。お出かけには持ち運べる干いもが便利です。

百科事典

さつまいも（アントシアニン）

＋ りんご（ペクチン、カテキン、ポリフェノール） ＋ ヨーグルト（ビフィズス菌） → **がん予防**

さつまいも（コリン、ブドウ糖）

＋ 大豆（アルギニン） ＋ くるみ（ビタミンE） → **免疫力アップ**

さつまいも（ヤラピン）

＋ 黒ごま（セサミン） ＋ オリーブオイル（オレイン酸） → **便秘解消**

アントシアニンでがん予防！豊富な食物繊維が便秘も解消

『さつまいものヨーグルトサラダ』

材料

- **2群** さつまいも
- **3群** ヨーグルト
- **その他** りんご、バナナ

つくり方

1. さつまいも、りんご、バナナは食べやすい大きさに切る。（さつまいもは皮つきのまま使用）
2. さつまいもはラップでくるみ、レンジで加熱する。
3. 粗熱を取った**2**、りんご、バナナ、ヨーグルトを混ぜあわせる。

グルコマンナンが老廃物＆毒素を体外へ排出

2群 こんにゃく

主な栄養素	栄養評価	100g中含有量
カルシウム		**43mg**
カリウム		**33mg**
食物繊維		**2.2g**

■効能■

グルコマンナン **便秘改善**

グルコマンナン **糖尿病対策**

グルコマンナン **肥満対策**

食物繊維 **動脈硬化対策**

栄養と薬効

こんにゃくの主成分は、グルコマンナンと呼ばれる水溶性食物繊維で、水分が97％を占める、実に低カロリーな食材で、水を吸収しやすい性質から、胃の中で膨らみ、満腹感を与えます。

また、消化されずに腸へ届き、“腸の砂おろし”と呼ばれるほど、便通を促進し、便秘を改善するので、腸内のデトックスには欠かせません。

食物繊維なので、腸内の善玉菌を増やし、腸内環境を整える働きのほか、糖質や脂質の吸収を抑制し、コレステロールや老廃物の排出を促進して、動脈硬化や糖尿病、肥満など、生活習慣病の予防に効果的です。

Dr.須崎のワンポイントアドバイス

運動量を増やしてもやせられない時、こんにゃくをごはんのかさ増しとして使えば、犬にひもじい思いをさせずにダイエットを成功させることができます。

ただし、こんにゃくだけを与えるのは、犬の嗜好に合いません。おでんやすきやきに入っているこんにゃくやしらたきがおいしいのは、ダシと共に、ほかの食材の味がしみ込むためです。手づくり食を作る際も同様に、ダシの味が染みるように細かく切って食事に混ぜ、よく煮込んで飲み込めるようにしてから与えて下さい。

しらたきや糸こんにゃくなどをフードプロセッサーにかけると、切る手間が省けます。

こんにゃく（グルコマンナン）
＋れんこん（ムチン）＋アスパラガス（オリゴ糖）→ **便秘改善**

こんにゃく（グルコマンナン）
＋はとむぎ（亜鉛、マグネシウム）＋アジ（タウリン、EPA）→ **糖尿病予防**

こんにゃく（食物繊維）
＋小松菜（ポリフェノール）＋鶏卵（コリン）→ **動脈硬化予防**

食物繊維でおなかスッキリ整腸作用！生活習慣病予防！

『こんにゃく入り炊飯器ピラフ』

材料

- **1群** 玄米ごはん
- **2群** こんにゃく、しょうが、にんじん、大根、かいわれ大根
- **3群** 鶏肉

つくり方

1. かいわれ大根以外の野菜、こんにゃく、鶏肉はフードプロセッサーでみじん切りにする。
2. 炊飯器に、洗った玄米、**1**、分量の水を加えて炊飯する。
3. 炊きあがったら粗熱を取り、刻んだかいわれ大根を混ぜ合わせる。

栄養豊富で、おじやのだしとして大活躍！

昆布

2群

主な栄養素	栄養評価	100g中含有量
β-カロテン		1100 μg
ヨウ素		240 mg
食物繊維		27.1 mg

効能

- アルギン酸　糖尿病対策
- フコキサンチン　がん予防
- フコイダン　免疫力アップ
- カルシウム　骨の強化

栄養と薬効

豊富なミネラルを含み、体のバランスを整えてくれる昆布は、おじやのだしに是非加えたい食材のひとつです。骨を強くするカルシウムやマグネシウムが豊富に含まれています。

活性酸素対策に有益なβ-カロテンを多く含み、カロテノイド系色素の一種であるフコキサンチンは、β-カロテンより強い抗酸化作用があるので、ふたつの成分の相乗効果で、がん予防が期待できます。

ヌルヌル成分のアルギン酸やフコイダンは、水溶性食物繊維で、腸内環境を整え、糖質脂質の吸収を抑制するので、動脈硬化や糖尿病など、生活習慣病が気になる子に有益です。

Dr.須崎のワンポイントアドバイス

すべての食物の中で、最も多くヨウ素を含んでいる昆布は、甲状腺の正常化に役立つといわれております。

けれども、昆布を大量に食べればいいというわけではありません。人間がお味噌汁でわかめを毎日少し食べるように、犬もおじやのだしとして、昆布を毎日少しずつ食べて、健康な状態を維持しましょう。

漢方の世界では、塩分排泄や体のむくみ解消に役立つカリウムも含まれており、健康維持に有益と考えられています。また、鉄や銅などのミネラルを含むので、造血作用があり、貧血防止にもおすすめの食材です。

昆布（フコイダン）

ちりめんじゃこ（セレン、DHA）＋なめこ（ムチン）→免疫力強化

昆布（カルシウム）

いわし（ビタミンD）＋かいわれ大根（ビタミンK）→骨の強化

昆布（フコキサンチン）

白菜（イドチオシアネート）＋かぼちゃ（β-カロテン、ビタミンC、ビタミンE）→がん予防

昆布のフコキサンチン＋アブラナ科野菜＋青魚でがん予防

『サバの昆布だしおじや』

材料

- **1群** 玄米ごはん（炊飯済）
- **2群** 昆布、かぼちゃ、白菜、にんじん
- **3群** サバ

つくり方

1. 野菜、サバ、昆布はフードプロセッサーで細かく刻む。
2. 鍋に**1**と具材がかぶる程度の水を加えて火にかける。
3. **2**にご飯を加え、水けがなくなるまでゆっくり煮る。

カルシウム含有率は、海藻内でNo.1

ひじき

2群

主な栄養素	栄養評価	100g中含有量
鉄	🐾🐾🐾	55㎎
カルシウム	🐾🐾🐾	1400㎎
ヨウ素	🐾🐾	47㎎

■効能■

カルシウム
骨の強化

食物繊維
便秘改善

フコキサンチン
がん予防

鉄
貧血対策

栄養と薬効

海藻類の中でカルシウムの含有量がトップのひじきは、マグネシウムも豊富に含まれるため、骨の強化には欠かせません。

カルシウム以外にも、被毛の美しさを保つヨウ素や、鉄などのミネラル類が多く、貧血を防ぐ効果のある鉄は、ほうれんそうの15倍もあります。赤血球不足の貧血改善に効果的です。

食物繊維も豊富で、腸内環境を整え、便秘を解消してくれるので、動物性食品ばかりを摂っていた子にはおすすめです。

β-カロテンより強い抗酸化作用があり、カロテノイド系色素の一種であるフコキサンチンは、活性酸素を除去してくれるので、がん予防に有益です。

Dr.須崎のワンポイントアドバイス

毎日手軽に摂れるカルシウム源として、体内利用度の高いカルシウムを豊富に含むひじきをおすすめします。一時期、ひじきに含まれるヒ素が話題になりましたが、通常食事として摂る分には、中毒になることはないので、心配はいりません。

ひじきを与えるときは、きちんと水で戻してから使って下さい。ミルサーで乾燥ひじきを粉状にし、ふりかけとして与えられたところ、下痢になった子もいます。ですから、細かく切って煮出し、栄養分の詰まった煮汁と共に混ぜて与えてください。また、鉄の多いひじきと一緒に大豆やお肉を食べさせると、貧血予防に役立ちます。

ひじき（鉄）

＋ レバー（ビタミンB群、銅） ＋ ピーマン（ビタミンC） ➡ **貧血予防**

ひじき（フコキサンチン、食物繊維）

＋ 豆腐（サポニン、イソフラボン） ＋ にんじん（β-カロテン） ➡ **がん予防**

ひじき（カルシウム、マグネシウム）

＋ ほうれん草（ビタミンC、ビタミンK） ＋ サケ（ビタミンD） ➡ **骨の強化**

豊富なカルシウムで骨粗鬆症の予防

『サケとひじきのおじや』

材料

- **1群** 玄米ごはん（炊飯済）
- **2群** ひじき、にんじん、ほうれんそう、キャベツ
- **3群** サケ

つくり方

1. ほうれんそう以外の野菜とサケをフードプロセッサーにかけ、みじん切りにする。
2. 鍋にひじきと**1**、ごはんを入れ、具材がかぶる程度の水を加えて煮込む。
3. **2**の火を止めて、ゆでて食べやすい大きさに切ったほうれんそうを混ぜ合わせる。

Q 心配です！ 手づくり食に変えてから ウンチにカビが生えてきました。

ドッグフードから手づくり食に変えたら、うちの子のウンチに白いカビが生え、オシッコしたところの草が枯れずに育ちはじめました。今までは、ウンチはいつまでもウンチの形で残っていましたし、オシッコしたところの草は枯れていました。うちの子は何かの病気なのでしょうか？

A ウンチは、カビるのが普通です。

ご安心下さい、それが「普通」で、排泄物で植物が枯れる方が不自然です。

「有機栽培のお野菜を食べさせています。」という言葉を聞いたことがあろうかと思いますが、有機栽培で使われる有機肥料の原料は糞尿ですし、糞尿が土に還ることは非常に自然なことです。

ドッグフードはいかなる環境においても長期間品質が変わらないように、メーカーが様々な工夫をしています。そのために添加される保存料があるわけです。もちろん、犬が食べて急に体調不良になったりしない量もきちんと調べてはいます。

ただ、口から入った食べものに含まれる成分が、吸収されずに便として排泄される添加物もあるでしょう。それが、「ウンチがいつまでもウンチの形で保存される」理由だったのかもしれません。

4章

3群
魚介類・肉・卵・乳製品

魚介類・肉・卵・乳製品の栄養素

健康な体を作るのに必要なアミノ酸が豊富

犬の体はエネルギー源として糖質や脂質を必要としますが、たんぱく質の原料であるアミノ酸は、体内でとても重要な役割を果たします。体の筋肉を作ってくれるのはもちろんのこと、菌やウイルスから体を守るために、白血球が出す抗体の原料になったり、血液中で栄養を運んだりすることにも役立ちます。

糖質や脂質と違うのは、アミノ酸の分子の中に、窒素が入っていることです。窒素は排便などで体外へ排出されるため、体内の窒素バランスを維持するために、常に摂る必要があります。しかし、窒素はアミノ酸以外から摂ることができず、ほかの栄養素で代用できません。大豆からもアミノ酸を摂取できますが、犬はお肉やお魚の方が好きなので、特別な理由がなければ、食事の中に、お肉やお魚を入れた方がいいでしょう。

犬はアミノ酸が含まれているお肉やお魚だけを食べていても、健康をある程度維持できます。けれども、お米だけでは脂肪が増えても筋肉は減るので、健康維持ができないのです。

飼い主さんの中には、アミノ酸バランスを気にする方がいらっしゃいます。しかし、ベジタリアンでもない限り、肉・魚・卵を普段から食べていれば、特別にアミノ酸が少なくなるということは考えにくいことです。仮にたんぱく質不足になるとしたら、最初に毛が折れたり、パサパサしたりします。けれどもその症状は、たんぱく質の摂取量を増やせば元に戻るので、心配はいりません。

深刻に考えなくても大丈夫なこともある

アレルゲン検査の結果、スーパーなどで手に入りやすいお肉が全部陽性反応が出て食べられず、特殊なお肉を与えざるを得ない飼い主さんもいらっしゃいます。

けれども、鶏肉や豚肉に陽性反応が出た子でも、市販の鶏肉や豚肉を食べてアレルギー症状が強く出ないことがあるのです。ですから、アレルゲン検査の結果、一般的な食材が陽性になったとしても、必ずしも症状の原因とは限らないということです。

もちろん逆に「この肉を食べると症状が強く出る」ということもあります。その場合は、無理せずに、それ以外の食材を活用してください。

また、魚の重金属汚染が気になるという方もいらっしゃいます。小さい魚と大きい魚を比較したとき、大きい魚の方が生物濃縮される可能性があります。ですから、重金属汚染が非常に気になる方は、主に小魚を選択すればよいでしょう。

一方で、サバやイワシなどの干物の塩分を心配される飼い主さんもいらっしゃいます。この塩分問題は、これまでも拙著で語ってきましたが、口から入ったものは１００％影響を与えると勘違いする方が多いのですが、ヒトもイヌも、過剰な塩分は、十分な水分があれば尿として排泄できるという「調節能力」がありますから、特に問題はありません。野菜を多めにした水分たっぷりのおじやを食べれば、過剰な塩分はオシッコで排泄されるので、それほど心配はいりません。

水をなかなか飲まない子には、水分摂取量を増やす目的で、牛乳を飲ませてみるとよいでしょう。愛犬の健康をさらに増進させるという意味で、カルシウムが豊富な低脂肪のカッテージチーズやヨーグルトなどの乳製品を活用する方法もあります。ただし、乳製品を食べると、まれに症状が悪化する子もいるので、様子を見ながら与えるようにしましょう。

卵は、食品から摂取する必要のある必須アミノ酸をすべて含んだ完全栄養食品なので、積極的に摂取したい食材です。是非質のよい卵を選んで、おじやに混ぜてあげてください。

サケ

強力な抗酸化物質、アスタキサンチンを含む白身魚

3群

主な栄養素	栄養評価	100g中含有量
たんぱく質	🐾🐾🐾	**25.5 g**
ビタミンA	🐾	**13 μg**
ビタミンB12	🐾🐾🐾	**5.3 μg**

■効能■

- アスタキサンチン **がん予防**
- EPA **血栓症防止**
- EPA・DHA **皮膚粘膜の保護**
- EPA・DHA **がん予防**

栄養と薬効

古くから日本で食べられてきたサケは、身の色が赤いために赤身魚と思われがちですが、実は白身魚の一種です。

身がサーモンピンクになる赤い色素のもとは、アスタキサンチンという強力な抗酸化物質で、ビタミンEの500～1000倍の抗がん作用があるといわれています。

EPAやDHAなどの不飽和脂肪酸を含むため、血栓ができるのを抑制する効果や、脳細胞の活性化に有益です。

また、EPA・DHAはオメガ3の脂肪酸なので、アレルギー症状の緩和が期待できます。皮膚炎の子には、積極的に与えてみるとよいでしょう。

Dr.須崎のワンポイントアドバイス

サケは、一年を通して手に入りやすい、健康に有益な動物性食材のひとつです。脂が多いので、わりと好きな子が多く、湯がいて味気がないものよりは、焼いたものの方が好まれます。

魚の中でもビタミンAが多く、カルシウムやビタミンE、リノレン酸なども含んでいます。

お腹を温め、たんぱく源になり、元気にする効果があるので、皮膚病、下痢をする子、胃腸の弱い子には、是非毎日の食事に取り入れてみてください。

また、塩ザケは煮出して、塩抜きをすれば、おじやの具などに使えますが、もし選べるのなら、生ザケを買って、加熱して与えるのが理想的です。

サケ（EPA、DHA）

アスパラガス（ビタミン B_2）＋ オクラ（ムチン）→ 皮膚粘膜の保護

サケ（EPA）

大豆（大豆サポニン）＋ キャベツ（イソチオシアネート）→ 抗血栓

サケ（EPA、DHA、アスタキサンチン）

まいたけ（エルゴステリン）＋ ほうれんそう（グルタチオン、β‐カロテン）→ がん予防

サケのEPAに大豆のサポニンを加えて血液サラサラ

『サケと大豆のスープパスタ』

材料

- 1群　マカロニ、ゆで大豆、豆乳
- 2群　キャベツ、しめじ、ブロッコリー
- 3群　サケ
- その他　オリーブオイル

つくり方

1. サケ、野菜、大豆をフードプロセッサーにかけ、みじん切りにする。
2. 鍋にオリーブオイルを熱し、**1**を炒める。
3. **2**に具材がかぶる程度の豆乳、ゆでたマカロニを加え、全ての材料に火が通るまで煮る。

全年齢の子に食べさせたい、ＥＰＡ＆ＤＨＡの宝庫

イワシ

3群

主な栄養素	栄養評価	100g中含有量
カルシウム		85㎎
ビタミンA		38㎍
ナイアシン		7.6㎎

効能

- カルシウム　骨の強化
- ＥＰＡ　血栓症防止
- ＥＰＡ・ＤＨＡ　皮膚粘膜の保護
- ＥＰＡ・ＤＨＡ　がん予防

栄養と薬効

イワシは、日本国内で１００％自給できる数少ない魚のひとつです。漢方では、イワシを食べると体力がつき、筋肉や骨を強くして、内臓を丈夫にすると考えられています。最近は、長寿食としても注目されており、虚弱体質の子にはおすすめです。

イワシは脂肪分がたくさん含まれています。脂肪分の多くはがん予防や皮膚粘膜の保護に有益な不飽和脂肪酸のＥＰＡやＤＨＡです。ＥＰＡには、血液の凝固を防ぎ、血栓の予防が期待されるので、生活習慣病予防にも効果的です。

イワシは酸化しやすい特徴があるため、買ってきたらすぐに調理をして使いましょう。

Dr.須崎のワンポイントアドバイス

カルシウムやマグネシウム、リンなど、骨の強化に不可欠なミネラルを豊富に含むイワシは、夏から秋にかけてが旬の魚です。

イワシには、血液の流れをよくして高血圧を予防し、体力をつける効果のあるイワシペプチドが含まれています。そのため、健康なときはもちろんなこと、病気のときにも、ぜひ食べさせてあげてほしい魚です。

飼い主さんからは、「イワシをつみれだんごに調理してから保存をすると、必要に応じておじやの具に使えるので便利です」という声を多く聞きます。つみれの苦味が気になる子には、頭と内臓を取り除いてあげてください。

イワシ（EPA、DHA）

＋ 白菜（イソチオシアネート） ＋ しょうが（ショウガオール） → がん予防

イワシ（EPA、DHA）

＋ 味噌（グルコン酸） ＋ にんじん（β-カロテン、ビタミンC） → 粘膜強化

イワシ（EPA）

＋ アーモンド（ビタミンE） ＋ ピーマン（ピラジン） → 抗血栓

EPAに大豆を加えて抗血栓

『イワシのおからハンバーグ』

材料

- 1群 おから
- 2群 パプリカ、アーモンド、れんこん、しょうが
- 3群 イワシ
- その他 オリーブオイル、片栗粉

つくり方

1. 頭と内臓を取ったイワシ、パプリカ、アーモンド、れんこん、しょうがをフードプロセッサーにかけてペースト状にする。
2. ボウルに**1**と適量の片栗粉を加え、一口大に丸める。
3. オリーブ油を熱したフライパンで**2**を焼く。

栄養満点で、レギュラー食材として使いたい

サンマ

3群

主な栄養素	栄養評価	100g中含有量
ビタミンB_{12}	🐾🐾🐾	17.7μg
ビタミンD	🐾🐾🐾	19μg
カルシウム	🐾🐾	32mg

■効能■

カルシウム・ビタミンD **骨の強化**

ビタミンB_{12} **貧血対策**

EPA・DHA **皮膚粘膜の保護**

EPA・DHA **がん予防**

栄養と薬効

秋が旬のサンマは、江戸時代に〝サンマが出るとあんまがひっこむ〟といわれたほど、栄養満点とされていました。夏の疲れは、マッサージを受けなくても、良質なたんぱく質やミネラル類を豊富に含んでいるサンマを食べれば回復するという意味。

　がん予防や皮膚粘膜の保護に有益なEPAやDHAのほかに、造血作用や血行促進に重要な役割を果たすビタミンB_{12}が多く、貧血の子にはおすすめの食材です。サンマのうまみ成分であるタウリンは、コレステロールの体外排出を促進し、動脈硬化予防に効果的です。また、心臓の機能や肝臓の解毒作用を強化する効果もあります。

Dr.須崎のワンポイントアドバイス

サンマは、動物性食品を取り入れる際、是非食べさせてあげてほしい魚のひとつです。上記栄養素以外にも、動物性食品に含まれるうまみ成分で、代謝機能に不可欠なイノシン酸や、骨の強化に有益なビタミンDとカルシウムも含んでいます。

　サンマを焼いたとき犬が盗み食いをして、頭からしっぽまで一匹まるごと食べてしまう場合があります。ほとんどの場合、喉に骨が刺さることなく食べられますが、不安になる飼い主さんもいらっしゃいます。犬にとられないように注意をしてください。焼いた直後は骨をはずしやすいので、身だけほぐしておくとよいでしょう。

サンマ（ビタミンB_{12}、鉄）

＋ **パセリ**（ビタミンC） ＋ **かぼちゃ**（ビタミンE） → **貧血対策**

サンマ（EPA、DHA）

＋ **さやえんどう**（β-カロテン、ビタミンC） ＋ **しめじ**（ビタミンB_2、食物繊維） → **皮膚、粘膜の健康**

サンマ（EPA、DHA）

＋ **大根**（イソチオシアネート、ビタミンC） ＋ **ごま**（ビタミンE、セサミノール） → **がん予防**

ビタミンB_{12}の造血作用で貧血予防

『サンマのトマト煮』

材料

- **1群** 玄米ごはん（炊飯済）
- **2群** かぼちゃ、トマト、にんじん、パセリ
- **3群** サンマ、カッテージチーズ
- **その他** オリーブオイル

つくり方

1. サンマ、パセリ以外の野菜はフードプロセッサーにかけてみじん切りにする。
2. 鍋にオリーブ油を熱し**1**を炒め、具材がかぶる程度の水を加えて煮る。
3. **2**にごはんを加えて、ひと煮たちさせ、器に盛り、刻んだパセリとカッテージチーズをトッピングする。

成長期は丈夫な体作り、ダイエット中は代謝促進に効果的

カツオ

3群

主な栄養素	栄養評価	100g中含有量
ビタミンB_{12}		8.6 ㎍
ビタミンD		9.0 ㎍
鉄		260 ㎎

■効能■

骨の強化（カルシウム・ビタミンD）

貧血対策（ビタミンB_{12}）

皮膚粘膜の保護（EPA・DHA）

がん予防（EPA・DHA）

栄養と薬効

カツオの旬は春と秋だといわれています。最近では、初夏に獲れる初ガツオよりも、ほどよく脂がのっている夏から秋に獲れる戻りガツオの方がおいしいと考えられているようです。

カツオに含まれるたんぱく質は、マグロの赤身に次いで多く、エネルギー代謝を活発にして疲労回復に役立つビタミンB_1・B_2・B_{12}やナイアシン、タウリンも豊富です。また、骨の強化に欠かせないビタミンDやカルシウム、がん予防や皮膚粘膜の保護に有益なEPAやDHAも含まれ、栄養価が高いです。

鮮度が落ちると体側の縞模様が薄れるので、縞模様がハッキリしたものを選びましょう。

Dr.須崎のワンポイントアドバイス

鰹節は好きな犬も多く、季節を問わず上手に魚の栄養をごはんに取り入れられるので、便利な食材です。

手っ取り早くおいしいだしが取れるほか、作り置きをしたごはんに飽きてしまったときは、新たに鰹節の粉を混ぜてあげると、ごはんをよく食べてくれるメリットがあります。

貧血改善には、ミネラルとたんぱく質の両方が必要なのですが、カツオはそれらの栄養素が同時に摂れるので、非常におすすめな食材です。飲み込みやすいサイズに切ってから、ぐつぐつ煮て与えるといいでしょう。貧血の子には、是非たくさん食べさせてみてください。

カツオ（カルシウム、ビタミンD、マグネシウム）

＋ 干しいたけ（マンガン） ＋ 小松菜（ビタミンK） → 骨、歯の強化

カツオ（ビタミンB_{12}、葉酸）

＋ 小松菜（鉄） ＋ 大豆（ビタミンB_6、モリブデン） → 貧血予防

カツオ（EPA、DHA）

＋ にんじん（β-カロテン、ピラサン） ＋ 味噌（ピラジン） → 血液サラサラ、がん予防

カツオの血合い部分に豊富なビタミンB_{12}で貧血対策

『カツオだしの煮込みうどん』

材料

- 1群 大豆水煮、うどん
- 2群 小松菜、切干大根、にんじん、しいたけ、ひじき
- 3群 カツオ、鰹節

つくり方

1. 野菜類、大豆、カツオはフードプロセッサーにかけてみじん切りにする。
2. 鍋に鰹節、**1**、具材がかぶる程度の水を加えて煮込む。
3. 食べやすい長さに切ったうどんを**2**に加えてひと煮たちさせて完成。

良質なたんぱく質、脂質が体を元気に！

マグロ

3群

主な栄養素	栄養評価	100g中含有量
ビタミンB_{12}	🐾🐾	1.3 μg
ビタミンD	🐾	5.0 μg
鉄	🐾🐾	1.1 mg

効能

- カルシウム・ビタミンD　**骨の強化**
- ビタミンB_{12}　**貧血対策**
- EPA・DHA　**皮膚粘膜の保護**
- セレン　**老化防止**

栄養と薬効

マグロには、ビンナガ、キハダ、メバチ、インドマグロ、コシナガなどの種類がありますが、その中でも最もおいしいとされる代表種はクロマグロです。

赤身には良質なたんぱく質を含み、皮膚粘膜の保護やがんを予防し、体を健やかに保つ不飽和脂肪酸のEPAやDHAのほか、細胞の老化を防止するセレンも豊富です。

マグロの重金属汚染が気になるという飼い主さんがいらっしゃいますが、マグロばかりを毎日食べるのでなければ、通常大丈夫です。どうしても心配な場合は、定期的に野菜たっぷりのデトックスを重視したごはんを与えてあげれば問題ありません。

Dr.須崎のワンポイントアドバイス

多くの犬が大好きなマグロは高い栄養を持ち、飲み込みやすい食材なので、体力が落ちて弱っている子や、飲み込む力が弱くなってきている子には、是非食べさせてあげてほしい魚のひとつです。

食欲がないときにマグロのかまを焼くと、食べてくれることが多いようです。食欲がないときは、試してみる価値のある一品です。また、「刺身をあげてはいけないのでは？」と悩む飼い主さんがいらっしゃいますが、あげても問題はありません。

余談ですが、カジキマグロはマグロとは別種の白身魚で、調理しやすいため、買っておくと便利な食材です。

マグロ（EPA、DHA）

＋ やまいも（ムチン） ＋ 卵黄（ビタミンA） → **粘膜保護**

マグロ（セレン）

＋ チーズ（チロシン、ビタミンA） ＋ トマト（リコピン、α-リポ酸） → **老化防止**

マグロ（セレン、DHA）

＋ アボカド（ビタミンE） ＋ 雑穀米（ポリフェノール） → **免疫力強化**

EPAにビタミンA豊富な卵黄を加えて粘膜強化

『マグロと山芋の卵かけごはん』

材料

- **1群** 麦ごはん（炊飯済）、納豆、すりごま
- **2群** やまいも、オクラ、青のり
- **3群** マグロ、卵黄

つくり方

1. マグロ、オクラは細かく刻む。やまいもはすりおろす。
2. 1と卵黄、納豆、ご飯を混ぜ合わせる。
3. 器に盛り、青のりとすりごまをトッピングする。

有効成分を豊富に含み、どんな子でも食べられる優秀魚

タラ

3群

主な栄養素	栄養評価	100g中含有量
ビタミンB12	🐾🐾	1.3μg
ビタミンD	🐾🐾🐾	1.0μg
亜鉛	🐾🐾	0.5mg

■効能■

- グルタチオン 老化防止
- EPA 血栓症防止
- DHA アレルギー症状の緩和
- EPA・DHA がん予防

栄養と薬効

白身魚のタラは身が柔らかく、消化吸収がよいため、どんな子でも無理なく食べられる食材です。特に、脂肪分が非常に少なくヘルシーなので、ダイエットをしている子は、動物性たんぱく源としておすすめです。

うまみ成分のイノシン酸を多く含むほか、強い抗酸化作用を持つグルタチオンが細胞の老化を防ぎ、発がん物質を解毒してくれる働きがあります。

不飽和脂肪酸のＥＰＡやＤＨＡはがんを予防し、ＤＨＡはアレルギー症状の緩和、ＥＰＡは血栓形成防止に役立ちます。

カリウム、カルシウム、鉄、亜鉛などのミネラルもバランスよく含む優秀な食材です。

Dr.須崎のワンポイントアドバイス

タラは、栄養バランスが良く、良質なたんぱく源になるため、長期間に渡って与えられる食材です。赤身魚は栄養値が高いですが、新鮮なものが手に入りにくく、脂が酸化しやすいという特徴があります。その点、タラは淡白なので脂の酸化が起こりにくく、変質しづらいので、どこに住んでいても、よい状態で入手することが可能です。

毎日の食事に使う魚を、何かひとつに絞りたい場合は、タラをおすすめします。もし、手作り食に切り替えた直後に、ドッグフードと比べて香りがあっさりし過ぎているな、と思ったときは、鰹節や小魚などを加えてあげるといいでしょう。

タラ（DHA）

＋ さつまいも（ビタミンB_6）＋ 大根（ビタミンC、α-リノレン酸）→ **アレルギー症状の緩和**

タラ（EPA）

＋ 豆腐（大豆サポニン）＋ めかぶ（フコイダン）→ **抗血栓**

タラ（EPA、DHA）

＋ トマト（リコピン）＋ じゃがいも（カリウム、α-リポ酸）→ **がん予防**

DHAがアレルギー症状を緩和、ビタミンCで免疫力をアップ

『タラとさつまいものおじや』

材料

- **1群** 玄米ごはん（炊飯済）、すりごま
- **2群** さつまいも、大根、にんじん、かぼちゃ、わかめ
- **3群** タラ

つくり方

1. タラ、野菜は食べやすい大きさに切る。
2. 鍋にすりごま以外の材料と具材がかぶる程度の水を加え、さつまいもがやわらかくなるまで煮る。
3. 器に盛り、すりごまをふりかける。

良質なたんぱく質とミネラルが夏バテを防止

シジミ

3群

主な栄養素	栄養評価	100g中含有量
ビタミンB12	🐾🐾🐾	**62.4㎍**
カルシウム	🐾🐾	**130㎎**
鉄	🐾	**5.3㎎**

■効能■

アミノ酸・タウリン 肝機能強化

ビタミンB12 貧血対策

コハク酸 疲労回復

タウリン 糖尿病対策

栄養と薬効

日本では昔から「土用シジミは腹薬」と言われるように、シジミは夏バテの特効薬とされています。良質なたんぱく質が多く、ナイアシン、ナトリウム、カリウム、亜鉛、カルシウムなどのミネラルが豊富な貝類です。シジミは肝機能を強化するアミノ酸の一種・タウリンが豊富で、血中コレステロール値を下げる作用もあるので、糖尿病対策に効果的です。

さらに、ビタミンB12や鉄は、牛や豚のレバーに匹敵するほどの量を含んでいるため、貧血対策におすすめです。また、即効性のエネルギー源になるうまみ成分のコハク酸も含むので、疲労回復にも有効です。

Dr.須崎のワンポイントアドバイス

薬を長期間使っている子は、肝臓の数値が上がることがあります。そういうときは、シジミ汁を積極的に食事へ取り入れるといいでしょう。

シジミの貝は小さいので、だしを取るのに使い、殻を外すのが面倒であれば、無理して食べさせなくてもOKです。臭みが気になるときは、しょうがを少し加えると、臭みを和らげることができます。ただし、しょうがは犬にとって刺激が強いため、ほんの少量だけ加えるようにしてください。

シジミを与え続けても、数値が2週間程度で下がらない場合は、薬以外の原因があるので、病院へ行って調べてみましょう。

シジミ（アミノ酸、タウリン）

＋ 玄米（ギャバ） ＋ 卵（メチオニン） → **肝機能強化**

シジミ（ビタミンB_{12}、鉄）

＋ トマト（ビタミン C） ＋ にんにく（ビタミンB_6、モリブデン） → **貧血予防**

シジミ（タウリン）

＋ ハトムギ（亜鉛、マグネシウム） ＋ まいたけ（食物繊維） → **糖尿病予防**

タウリン＋メチオニンが肝機能を強化

『シジミだしの卵粥』

材料

- **1群** 玄米ごはん（炊飯済）
- **2群** にんじん、しいたけ、キャベツ
- **3群** シジミ、卵、ちりめんじゃこ

つくり方

1. 野菜はフードプロセッサーにかけてみじん切りにする。
2. 鍋に**1**とシジミ、ちりめんじゃこ、玄米ごはんを入れ、具材がかぶる程度の水を加えて煮込む。
3. 火をとめてシジミの殻を外したら、もう一度火をつけ、沸騰したら溶き卵を回し入れて完成。

アサリ

豊富なタウリンが肝臓の解毒作用を促進

3群

主な栄養素	栄養評価	100g中含有量
ビタミンB12	🐾🐾🐾	52.4 μg
カルシウム	🐾🐾	66 mg
鉄	🐾	3.8 mg

効能

- タウリン：肝機能強化
- クロム：糖尿病対策
- 鉄：貧血対策
- ベタイン：胆汁産生促進

栄養と薬効

アサリは、旬の春と秋になるとうまみ成分であるタウリンやベタインが増える特徴を持っています。

　アミノ酸の一種であるタウリンは、血中コレステロールを低下させ、肝臓の解毒作用を強化し、甘味成分のベタインは、胆汁の分泌を促進して、コレステロール値を低下させる作用があります。両成分ともに、血糖値のコントロールに働きかけるのに役立ちます。

　うまみ成分以外にも、アサリに含まれるクロムという成分は、インスリンの分泌を促進するため、３つの成分の相乗効果によって、糖尿病の子や生活習慣病予防に効果的な食材です。

Dr.須崎のワンポイントアドバイス

ビタミンB2・Eやマグネシウム、鉄などのビタミンやミネラルを多く含み、むくみ解消や利尿作用があるアサリは、シジミに比べて身が大きいので、身を取り出しやすく、犬にとっても食べがいがある食材です。

　貝類には肝機能を強化するタウリンが含まれるので、肝臓病対策のために、週に一度は貝のスープを作ってあげるのはいかがでしょうか。フードプロセッサーで細かくしてから、ぐつぐつ煮込んで、おじやに混ぜるとよいでしょう。糖尿病やむくみが気になる子にもおすすめです。

　犬は砂をいやがるため、調理する前に、しっかり砂をはかせてください。

アサリ（タウリン）

＋ うこん（クルクミン） ＋ ほうれんそう（グルタチオン、ビタミンC） → **肝機能強化**

アサリ（クロム）

＋ 高野豆腐（亜鉛） ＋ れんこん（カテキン、食物繊維） → **糖尿病予防**

アサリ（鉄）

＋ 小豆（葉酸、ビタミンB_6） ＋ じゃがいも（ビタミンC） → **貧血対策**

アサリに含まれるクロムが糖尿病を予防

『アサリと高野豆腐の豆乳チャウダー』

材料

- **1群** 高野豆腐、豆乳、さやいんげん
- **2群** れんこん、にんじん、じゃがいも
- **3群** アサリ
- **その他** オリーブオイル

つくり方

1. 野菜と高野豆腐はフードプロセッサーにかけてみじん切りにする。
2. 鍋にオリーブオイルを熱し**1**を加えて炒める。
3. **2**にアサリを加えて、具材が半分かぶる程度の水を加えて、ふたをして蒸し煮にする。
4. アサリの殻を外して、仕上げに豆乳を加えひと煮立ちさせる。

殻に含まれるキチン質が免疫力を活性させる

小エビ

3群

主な栄養素	栄養評価	100g中含有量
カルシウム	🐾🐾🐾	2000㎎
ナイアシン	🐾	5.5㎎
ビタミンB_{12}	🐾🐾	11.0μg

■効能■

ベタイン
胆汁産生促進

アスタキサンチン
がん予防

タウリン
肝機能強化

ビタミンE
免疫力アップ

栄養と薬効

小エビは、高たんぱく低脂肪な上に、丸ごと食べることでさまざまな栄養素を摂取できる全体食品です。殻に含まれるアスタキサンチンと呼ばれる赤い色素は、活性酸素を除去し、がん対策に有益です。免疫力を高めるビタミンEやアスタキサンチンのほか、殻を構成するキチン質が免疫力を強化するため、3つの成分の相乗効果で、がん予防に力を発揮します。

また、胆汁の産生を促進するベタインは疲労回復効果があり、コレステロール値を下げるタウリンを豊富に含みます。両成分ともに、肝機能を強化する作用があるので、肝臓病対策に日ごろから摂るとよいでしょう。

Dr.須崎のワンポイントアドバイス

飼い主さんの中には、「エビやカニなどの甲殻類は与えたらいけないのに、小エビは与えてもいいんですか?」という方がいらっしゃいます。

甲殻類は栄養成分的には食べさせたい食品ですが、大きなカニやエビの殻は固いので、粉末にするならともかく、そのまま与えるのは危険というだけのことです。

小エビの殻には、上記の栄養以外にも、キチン質と呼ばれる動物性食物繊維やカルシウムが豊富に含まれています。小エビは、安全に甲殻類の栄養素を摂れる優秀食材なので、煮干しと同じように、おじやのだしとしても活用しましょう。

小エビ（ベタイン）

＋ 卵（コレステロール） ＋ うこん（クルクミン） → **胆汁産生促進**

小エビ（アスタキサンチン、キチン質）

＋ なす（フラボノイド） ＋ ピーマン（カプサンチン、ビタミンC） → **がん予防**

小エビ（タウリン）

＋ 油揚げ（大豆サポニン） ＋ 卵（メチオニン） → **肝機能強化、脂肪肝予防**

タウリンに大豆サポニンを加え肝機能強化

『小エビと油揚げのビーフン』

材料

- **1群** 油揚げ、ビーフン
- **2群** 青のり、にんじん、干ししいたけ
- **3群** 小エビ、卵
- **その他** ごま油

つくり方

1. にんじん、油揚げ、干ししいたけをフードプロセッサーに入れてみじん切りにする。
2. 鍋にごま油を熱し、**1**、小エビを炒める。
3. 溶き卵を **2** に回しいれ、ゆでたビーフンを加えてさっと炒める。最後に青のりを加えて混ぜるあわせる。

だしやトッピングに重宝する貴重なカルシウム源

3群

小魚

主な栄養素	栄養評価	100g中含有量
カルシウム		520㎎
ビタミンD		61.0㎍
ビタミンB_{12}		6.3㎍

■効能■

カルシウム・ビタミンD **骨の強化**

EPA・DHA **血栓症防止**

EPA・DHA **皮膚粘膜の保護**

EPA・DHA **がん予防**

栄養と薬効

小魚には、煮干しだけでなく、ちりめんじゃこ、しらす干し、ししゃも、わかさぎ、きびなごなどがあります。

不飽和脂肪酸のDHAやEPAが豊富で、丸ごとの生命力が摂れる全体食品なので、種類を問わず、おじやにして毎日少しずつ食べさせてあげて欲しい食材です。小魚は油が少なく、骨までまるごと全部食べられるので、カルシウムが豊富に摂れる上、ビタミンDも含まれるので、骨の強化に有効です。

子持ちししゃもや、しらす干しなど、塩分を含む小魚は、塩分濃度が低いものを選んで、おじやへ入れれば、塩分の摂りすぎが防げます。

Dr.須崎のワンポイントアドバイス

小魚は安く手に入り、栄養もたっぷり摂れて、犬もおいしくごはんが食べられるため、とても重宝する食材です。乾燥したちりめんじゃこや、たたみいわしなどを粉末状のふりかけにすれば、毎日おじやにふりかけられるので、簡単にカルシウム補給ができます。

生の小魚は、イワシよりも骨がやわらかく、簡単にペースト状になるため、小魚をつみれにして使うのも一案です。冷凍して保存をしておけば、おじやの具が足りないときに、自由に使えて便利です。また、小魚を使ったかきあげは、好きな犬が多いので、おやつとして作ってあげてもよいでしょう。

小魚（カルシウム、ビタミンD）

＋ パプリカ（ビタミンC） ＋ しめじ（マンガン、ビタミンD） → 骨粗鬆症予防

小魚（EPA、DHA）

＋ 紫キャベツ（アントシアニン） ＋ 大根（アリルイソチオシアネート、ピラジン） → 抗血栓、血液サラサラ

小魚（EPA、DHA）

＋ にんじん（β‐カロテン） ＋ ごま（セサミン） → がん予防

カルシウムにビタミンCを加えて骨の強化に相乗効果

『ししゃものナポリタン』

材料

- 1群 スパゲティ（マカロニ）
- 2群 しめじ、レタス、パプリカ、にんじん、キャベツ、プチトマト
- 3群 ししゃも、カッテージチーズ
- その他 オリーブオイル

つくり方

1. スパゲティはあらかじめ茹でておく。野菜、ししゃもは食べやすい大きさに切る。
2. 鍋にオリーブオイルを熱し、ししゃもをこんがり焼く。
3. スパゲティと野菜を加え、全体に火が通るまで炒め合わせる。
4. 3を器に盛り、カッテージチーズをトッピングする。

必須アミノ酸のバランスが良く、消化吸収に優れた肉

鶏肉

3群

主な栄養素	栄養評価	100g中 含有量
ビタミンA	🐾	32 μg
ビタミンB_6	🐾	0.45 mg
ナイアシン	🐾	10.6 mg

■効能■

ビタミンA
免疫力アップ

ビタミンB_6・ナイアシン
粘膜強化

オレイン酸
動脈硬化対策

アミノ酸
筋肉の強化

栄養と薬効

鶏肉は脂肪が少ない上にやわらかいので、消化吸収しやすいというメリットがあります。また、鶏肉のたんぱく質には、必須アミノ酸がバランス良く含まれ、筋肉の強化に効果的です。

ビタミンB_6やナイアシンのほか、ビタミンAも豊富で、皮膚や粘膜を強化し、免疫力をアップする作用があります。

鶏肉に含まれるオレイン酸は、悪玉コレステロールを減らし、善玉コレステロールを増やすため、動脈硬化予防に有益です。

筋肉量が少ない子は、鶏肉を食べさせた後に運動をすると、良質な筋肉がつきます。ただし、食べた直後の運動は避け、休みをとってからにしましょう。

Dr.須崎のワンポイントアドバイス

鶏肉は、ほかの肉類と異なり、脂肪が皮の下にあるため、皮を取り除いて使えば、脂質やコレステロールを控えられ、ダイエットをしている子の飼い主さんには、大変重宝されています。

ささみは脂肪分がほとんど含まれていないので、ゆでるとパサパサになり、食べない子が結構多いようです。そういう場合は、焼いたり、炒めたり、酒蒸しにしてみるなど工夫をしてみてください。

また、飼い主さんから「モモ、ムネ、手羽、ササミなど部位によって、栄養価の違いがありますか?」とよく聞かれますが、大した違いはありません。好きな部位をお使いください。

鶏肉（ビタミンA）

まいたけ（β - グルカン） ＋ かぶ、かぶの葉（ビタミンC、リゾチーム） → **免疫力アップ**

鶏肉（オレイン酸）

かぼちゃ（ビタミンB_2） ＋ ごま（ビタミンE） → **動脈硬化対策**

鶏肉（ビタミンB_6、ナイアシン、ビタミンA）

じゃがいも（ビタミンC） ＋ にんにく（硫化アリル） → **粘膜強化、風邪予防**

豊富なアミノ酸とビタミンが免疫力を強化

『鶏とかぶのスープご飯』

材料

- **1群** 玄米ごはん（炊飯済）
- **2群** かぶ（根、葉）、まいたけ、にんじん、キャベツ
- **3群** 鶏肉

つくり方

1. 野菜と鶏肉はフードプロセッサーにかけてみじん切りにする。
2. 鍋に**1**と具材がかぶる程度の水を加えて煮る。
3. **2**にごはんを加えて、混ぜ合わせる。

ヘム鉄が豊富で、貧血対策に有効

牛肉

3群

主な栄養素	栄養評価	100g中含有量
ビタミンB1		0.09mg
ビタミンB2		0.21mg
亜鉛		4.2mg

■効能■

- ヘム鉄 貧血対策
- カルノシン 老化防止
- カルノシン 動脈硬化・糖尿病対策
- 亜鉛 免疫力アップ

栄養と薬効

牛肉の赤身は、たんぱく質やミネラルが豊富で、体に吸収されやすいヘム鉄も含まれています。ヘム鉄は、植物に含まれる非ヘム鉄に比べ、吸収率が約7倍もあるので、貧血の子や体が冷たい子に有益な食材です。

また、活性酸素を除去し、細胞の酸化を防ぐカルノシンは、老化を防ぎ、動脈硬化や糖尿病を予防してくれます。免疫力を高める亜鉛には、たんぱく質やホルモンの合成に必要な働きをして、成長を促進する効果や傷の治りを早める働きがあります。

ただし、牛肉は脂肪分が多いので、たくさん与え過ぎると、太ってしまいます。たまに食べる分には問題ないでしょう。

Dr.須崎のワンポイントアドバイス

牛肉の香りが魅力的なため、犬には好評な動物性食材です。加熱して食べても、非加熱で食べてもいいでしょう。

ときどき「加熱した肉を食べさせると消化しづらく、胃腸に負担がかかって寿命が縮まる」という話がありますが、間違いです。加熱することでたんぱく質の分子がほぐれて、むしろ消化しやすくなることは、生化学という学問で学ぶことです。

また、理由はわかりませんが、牛肉を与えると、炎症や腫れがひどくなる子がときどきいます。そういう場合は、たとえどんなに好きでも体調が元に戻るまで牛肉を食べるのはお休みしましょう。

牛肉（ヘム鉄）

ピーマン（ビタミンC）＋くるみ（銅）→ **貧血予防**

牛肉（カルノシン）

トマト（リコピン）＋ブロッコリー（ビタミンC）→ **老化防止、抗酸化作用**

牛肉（カルノシン、亜鉛）

アスパラガス（ルチン）＋しめじ（食物繊維）→ **糖尿病予防**

ヘム鉄を補給し貧血予防

『チンジャオロース丼』

材料

- **1群** 雑穀ごはん（炊飯済）、くるみ
- **2群** パプリカ、にんじん、きくらげ
- **3群** 牛肉
- **その他** ごま油

つくり方

1. くるみ、野菜類、牛肉はフードプロセッサーにかけてみじん切りにする。
2. 鍋にごま油を熱し、**1**を炒める。
3. 器にご飯を盛り、上から**2**をかけて完成。

豊富なビタミン B_1 が代謝を助け、疲労を回復

3群

豚肉

主な栄養素	栄養評価	100g中 含有量
ビタミン B_1	🐾🐾🐾	0.94 mg
ビタミン B_2	🐾	0.22 mg
ナイアシン	🐾🐾	6.5 mg

■効能■

- ビタミン B_1 **疲労回復**
- オレイン酸 **動脈硬化対策**
- コリン **脳機能維持**
- 必須アミノ酸 **精神安定作用**

栄養と薬効

ビタミンB群が豊富に含まれている豚肉は、疲労回復やダイエット、夏バテに効果的な食材です。鶏肉同様、必須アミノ酸をバランスよく含んでいます。

必須アミノ酸の一種であるトリプトファンは、体内で神経伝達物質のセロトニンを生成します。セロトニンは、情緒の安定に必要な物質とされています。

豚肉の脂肪には、血中の悪玉コレステロールのみを減らし、善玉コレステロールを増やしてくれる不飽和脂肪酸のオレイン酸やリノール酸を含み、動脈硬化防止に有益です。記憶力の向上や脳機能の維持に作用するコリンも、動脈硬化防止に役立つ成分のひとつです。

Dr.須崎のワンポイントアドバイス

中国では紀元前2200年頃から飼育されており、豚肉の脂は古来より呼吸器系疾患によいとされてきました。そのため、風邪をひきやすい時期や、黄砂の季節には、豚バラ肉などを使ったごはんを週に1~2回与えるのはおすすめです。

豚肉には、トキソプラズマ（旋毛虫）という寄生虫がいることがあります。与える際には、必ず焼く、炒める、煮る、ゆでるなど、加熱処理して食べさせてあげてください。

ストレスが強いときにはビタミン B_1 が多く使われます。沢山運動した後などの疲れた時や、元気のない時、豚肉を積極的に取り入れてみてください。

豚肉（ビタミンB群）

＋ しょうが（硫化アリル） ＋ りんご（クエン酸） → 疲労回復

豚肉（オレイン酸）

＋ ごぼう（食物繊維、オリゴ糖） ＋ 味噌（サポニン、ギャバ） → 動脈硬化予防

豚肉（必須アミノ酸）

＋ セロリ（セダノリッド、セネリン、アピオイル） ＋ チーズ（カルシウム） → 精神安定

豚肉に含まれるアミノ酸、トリプトファンが精神を安定

『和風ポトフ』

材料

- 1群　味噌、大豆水煮
- 2群　セロリ、さといも、にんじん、キャベツ
- 3群　豚肉、パルメザンチーズ

つくり方

1. 豚肉、野菜はフードプロセッサーでみじん切りにする。
2. 鍋に**1**と具材がかぶる程度の水を加えて煮る。
3. 野菜がやわらかくなったら味噌を少し加えて混ぜる。
4. 器に盛り、パルメザンチーズをふりかけて完成。

栄養価が高く、さまざまな効果が期待できる

3群

レバー

主な栄養素	栄養評価	100g中含有量
ビタミンA		14000μg
ビタミンB_2		1.80mg
鉄		9.0mg

■効能■

ビタミンA **免疫力アップ**

葉酸・ヘム鉄 **貧血対策**

必須アミノ酸 **肝機能強化**

亜鉛 **精神安定作用**

栄養と薬効

肝機能を強化する必須アミノ酸がバランスよく含まれているレバーは、良質なたんぱく質や、ビタミン・ミネラルが豊富に含まれている、栄養価の高い食材です。

中でも、視覚機能を維持するビタミンAが豊富に含まれ、粘膜を丈夫にして免疫力を強化し、がんを予防してくれます。

さらに、ビタミンA同様、免疫力を強化する作用を持ち、精神を安定させ、傷の治りに有益な亜鉛も含まれるため、感染症対策にも有益です。また、貧血に有益なヘム鉄と葉酸が一緒に含まれているので、強い造血作用が期待できます。貧血対策に取り入れたい食材です。

Dr.須崎のワンポイントアドバイス

レバーは、週に1回を目安に、新鮮な鶏のレバーを体重に合わせて、1~2個食べれば十分です。というのも、レバーは解毒器官であることと、ビタミンAが多く含まれるため、ビタミンA過剰症になるリスクがあるためです。

もし、レバーの香りが苦手な場合は、牛乳に浸した後、パセリやセロリ、しょうがなどの香草と一緒に煮込んであげると食べてくれることがあります。

余談ですが、ヘルシーでコラーゲンが多いからといって、動物の内臓は積極的に食べるものではありません。きれいで新鮮なものでも、与え過ぎには注意しましょう。

百科事典

レバー（亜鉛、ビタミンB6）

ほうれん草（マグネシウム、カルシウム、ビタミンC） ＋ アーモンド（トリプトファン） → **精神安定**

レバー（必須アミノ酸）

卵（メチオニン） ＋ 玄米（ビタミンB群、ギャバ） → **肝機能強化**

レバー（葉酸、ヘム鉄）

もやし（植物性たんぱく、ビタミンC） ＋ インゲン豆（ビタミンB群 → **貧血予防**

レバーのヘム鉄にもやしの植物性タンパク質をプラスして貧血対策

『レバーともやしの焼きそば』

材料

- 1群　焼きそば、インゲン豆
- 2群　もやし、にんじん、キャベツ
- 3群　鶏レバー
- その他　ごま油

つくり方

1. レバーと野菜はフードプロセッサーでみじん切りにする。
2. 鍋にごま油を熱し、レバーを炒める。表面が白っぽくなったら野菜を入れて炒め合わせる。
3. **2**に焼きそばと少量の水を加え、水気がなくなり火が通るまで炒める。

良質なたんぱく質とアミノ酸を含む完全栄養食品

鶏卵

3群

主な栄養素	栄養評価	100g中含有量
ビタミンA	🐾	150 μg
ビタミンB_2	🐾	0.43 mg
ビタミンD	🐾🐾🐾	3 μg

■効能■

- 必須アミノ酸 **丈夫な体作り**
- レシチン **代謝促進**
- ビタミンA **皮膚粘膜の強化**
- 必須アミノ酸 **肝機能強化**

栄養と薬効

良質なたんぱく質が豊富で、丈夫な体作りに欠かせない必須アミノ酸が絶妙なバランスで含まれている鶏卵は、積極的に与えたい食材のひとつです。

卵白には、オボムコイドと呼ばれる、アレルギー症状の緩和に有効な成分が含まれ、卵黄にはコレステロールの吸収抑制や、代謝促進の働きもあるレシチンが含まれています。

また、粘膜を強化し、免疫力を高めるビタミンAや、脂肪の酸化を防ぎ、老化対策となるビタミンE、各種栄養素の代謝を活性化するビタミンB群や、骨や血液の原料となる鉄やカルシウム、リンなどの各種ミネラルも豊富で栄養満点です。

Dr.須崎のワンポイントアドバイス

「赤玉、白玉、有精卵、無精卵の中では、どの卵がいいのですか?」という質問を飼い主さんから受けますが、答えは全部同じです。卵黄の色は、餌によって変わるので、特にどの卵が優秀というものはありません。

卵が血中コレステロールを高めるので、食べ過ぎは良くないという話がありますが、卵に含まれるレシチンには、血中コレステロールの吸収抑制作用があるので、1日1個くらいなら、まったく問題ありません。

鶏卵には、ストレスに対する抵抗力を高めてくれるパントテン酸を豊富に含むため、鶏卵は心身ともに元気にする効果が期待できます。

鶏卵（必須アミノ酸、鉄）

＋ じゃがいも（炭水化物、ビタミンC） ＋ トマト（リコピン） → **丈夫な体作り、スタミナ増強**

鶏卵（レシチン）

＋ 納豆（ビタミン B_2） ＋ のり（ナイアシン） → **脂質の代謝促進**

鶏卵（必須アミノ酸）

＋ シジミ（タウリン） ＋ なめこ（グルクロン酸） → **肝機能強化**

卵に含まれる豊富なアミノ酸で丈夫な体作りをサポート

『具だくさんスクランブルエッグ』

材料

- **1群** 豆乳
- **2群** トマト、じゃがいも、カリフラワー、しめじ
- **3群** 卵
- **その他** オリーブオイル

つくり方

1. 野菜をフードプロセッサーでみじん切りにする。
2. 卵は豆乳を加え溶きほぐす。
3. 鍋にオリーブオイルを熱し、**1**を炒める。
4. **3**に**2**を回しいれ、箸でかき混ぜ、スクランブルエッグをつくる。

腸内環境を整える乳酸菌を含んだ、貴重なカルシウム源

ヨーグルト

3群

主な栄養素	栄養評価	100g中含有量
カルシウム		**120 mg**
ビタミンB2		**0.14 mg**
たんぱく質		**3.6 g**

■効能■

乳酸菌 整腸作用

乳酸菌 皮膚粘膜の強化

乳酸菌 免疫力アップ

カルシウム 骨の強化

栄養と薬効

乳酸発酵食品のヨーグルトは、善玉菌の一種である乳酸菌を豊富に含んでいます。乳酸菌には整腸作用があり、腸内のビフィズス菌を増やし、病気のもととなる悪玉菌を退治してくれるので、便秘改善や下痢の子に有益な食材です。

腸内環境を整えるので、皮膚粘膜や免疫力を強化する効果が期待できます。デトックスをより効果的にするために、ヨーグルトを食べたら、乳酸菌の餌である野菜や水溶性の食物繊維を含む食事を与えてください。

また、骨や歯の強化に役立つカルシウムやマンガンを豊富に含むので、日ごろから摂りたい食材のひとつです。

Dr.須崎のワンポイントアドバイス

ヨーグルトは、フルーツや砂糖が入っているものが売られていますが、それらはおすすめしません。甘みを加えたい場合は、プレーンヨーグルトを買い、自宅ではちみつやフルーツを加えて下さい。

牛乳に比べ、発酵過程でたんぱく質が分解されたヨーグルトは、胃腸に吸収されやすいというメリットがあります。また、乳酸菌を多く含み、アミノ酸が消化吸収されやすいので、胃腸が弱い子にはおすすめです。

乳酸菌によって乳糖が分解されるので、牛乳を飲むと下痢をしてしまう乳糖不耐症の子も、ヨーグルトは食べても平気ということが多いようです。

ヨーグルト（乳酸菌）

＋ りんご（ペクチン） ＋ はちみつ（オリゴ糖、グルコン酸） → 整腸作用

ヨーグルト（乳酸菌）

＋ バナナ（食物繊維） ＋ 黒ごま（アントシアニン、ゴマリグナン） → 免疫力強化

ヨーグルト（カルシウム）

＋ かぼちゃ（ビタミンC） ＋ ナッツ（亜鉛、銅、マグネシウム） → 骨の強化

ヨーグルトの乳酸菌に食物繊維とオリゴ糖を加え免疫力アップ

『黒ごまバナナヨーグルト』

材料

- 1群 きなこ、黒ごま
- 3群 ヨーグルト
- おやつ バナナ

つくり方

1. バナナは食べやすい大きさに切る。
2. ヨーグルトにバナナ、すり黒ゴマ、きなこを加え混ぜ合わせる。

栄養価が高く、おじやのトッピングに便利な食材

チーズ

3群

主な栄養素	栄養評価	100g中含有量
カルシウム	🐾🐾🐾	630㎎
ビタミンA	🐾	260㎍
ビタミンB_2	🐾	0.38㎎

効能

ビタミンA　**皮膚粘膜の強化**

ビタミンB_2　**口内炎対策**

カルシウム　**骨や歯の強化**

乳酸菌　**整腸作用**

栄養と薬効

整腸作用のある乳酸菌と酵素を使い、牛乳を発酵させて作られたチーズは、栄養価が高い食材として有名です。

チーズにはさまざまな種類がありますが、どのチーズにも共通して、皮膚や粘膜を強化するビタミンAや、粘膜組織を保護するビタミンB_2、骨を強化するカルシウムが豊富に含まれています。スーパーなどで手軽に買えるチーズは、発酵したチーズを細かく砕いて、乳化剤を加えて加熱処理し、成形したプロセスチーズが多いようです。

チーズは、高カロリーなので、ごはんを食べない子や、弱っている子に、食べるようなら与えてあげてください。

Dr.須﨑のワンポイントアドバイス

チーズは、大好きな子が多い食材のひとつです。おじやの風味づけとして、トッピングのように少量使うことをおすすめします。ただし、おじやの表面にチーズを並べると、その部分だけ食べて、あとは残すことがあります。よくかき混ぜてから与えてください。

塩分と脂肪分が多いチーズは、与え過ぎると喉の渇きや、肥満の原因になることがあります。おやつとして少量与える分には問題ありませんが、量には注意しましょう。

チーズにはさまざまな種類がありますが、脂肪分の少ないカッテージチーズが、手軽に使えて便利でしょう。

チーズ（乳酸菌）

＋ **オクラ**（ペクチン） ＋ **トマト**（オリゴ糖） → **整腸作用**

チーズ（ビタミンB_2、ビタミンA）

＋ **サケ**（ビタミンB_6） ＋ **ほうれんそう**（葉酸、ビタミンC） → **口内炎対策**

チーズ（ビタミンA）

＋ **じゃがいも**（ビタミンC） ＋ **納豆**（ビタミンB_2、ビタミンB_6） → **皮膚の健康、乾燥肌対策**

チーズ含まれるビタミンAで粘膜、皮膚の健康を保つ

『チーズ風味の和風ポテトサラダ』

材料

- **1群** 納豆
- **2群** じゃがいも、オクラ
- **3群** パルメザンチーズ、鰹節

つくり方

1. じゃがいもは食べやすい大きさに切り、やわらかく茹でる。
2. オクラは下ゆでし、食べやすい大きさに切る。
3. **1**を潰し、**2**と納豆、鰹節とパルメザンチーズを加えて和える。

Q 犬は何を食べればよくて、何がダメなんですか？

手づくり食がいいと聞きましたが、何を入れれば良くて、何を入れてはダメなのかわからず、不安です。教えてください。

A 本書を参考に、ぜひ勉強してみてください。

アレコレ迷わず、まずこの本や、これまでの私のレシピ本などを参考にして、作って食べさせてみて下さい。手づくり食を取り入れて、これまで表に出てこなかった問題が顕在化することはあっても、手づくり食が原因で病気になることは考えにくいです。

私が最初に本を出させてもらってから９年が経ちました。当初は犬の手づくり食は害でしかないという風潮だったのですが、最近では手づくり食に近いレトルト食品も出てきて、多くの人たちが手づくり食を勉強するようになりました。しかし、飼い主さんたちが抱く質問は、昔とほとんど変わらず、食品に関する「極端な噂話」にほんろうされているように見受けられます。

人が不安に駆られる理由は、正しい情報を知らないためです。本書を参考にきちんと学べば手づくり食は有効な選択肢のひとつになるはずです。ペット食育協会の各種セミナーでも、適切かつ現実的な「本当のところ」の情報提供を行っております。ぜひ、適切な情報に触れてください。

5章

果物（おやつ）

果物の栄養素

熟した果物を洗って与える

多くの果物が、甘くおいしそうになっているのは、種を運んでもらいたいためです。そして、種を保護するために、果肉や皮にはファイトケミカルやビタミンなどの抗酸化物質が含まれています。そのため、おやつに果物をあげるのは、健康な体作りには有益です。また、水分が多いので、摂取水分量を増やすという意味でも、果物を与えるのはよいでしょう。

ただ、あまりにも基本的なことですが、果物を犬に食べさせるときは、熟したものを与えてください。というのは、未熟な種の中には、アクの成分であるアルカロイドの毒が多いので、未熟なものは体にとって害になることがあるからです。

「皮は食べさせてもいいですか?」という質問をよく受けますが、昨今の農薬によるトラブルを考えますと、きちんと洗うか、皮をむいて食べることが必須だと思われます。ときどき農薬まみれの果物を食べて、具合が悪くなり、その果物のせいで病気になったと騒ぐ人がいます。けれども、病気になった原因は、果物のせいではなく農薬の問題ですから、果物を食べて問題のなかった子には迷惑な話です。

果物は、人間でも普段の食生活でたくさん食べないのと同様に、犬にとっても過食するたぐいのものではありません。いちごが大好きだからといって、いちごばかりを与えたり、柿が免疫力を高めると聞いたから柿ばかり食べさせたりということはせず、適量にとどめておいてください。

果物には抗酸化物質が豊富！

果物に含まれる色素には、さまざまな抗酸化物質が含まれています。たとえば、いちごやブルーベリー、ぶどうなどのベリー系に含まれるアントシアニンは、体内で活性酸素を除去し、細胞を守る働きがあります。ベリー系の果物は、デザイナーフーズにもがん予防の効果が期待できる果物として、ピラミッドの中に組み込まれています。

プルーンはアントシアニンを含む果物の中でも、強い抗酸化力を持つことで有名です。アメリカ農務省タフツ大学老化研究センターでは、研究の結果、ほかのさまざまな野菜や果物に比べて最も強い抗酸化力があることが証明されました。ぶどうやいちごと比べ、約3倍の抗酸化力を持つ背景には、アントシアニンだけでなく、ネオクロロゲン酸などのポリフェノール類を含むためです。

また、レモンやオレンジ、グレープフルーツなどのかんきつ系に多く含まれるクエン酸は、体内のミネラルバランスを適切に保つために有益です。

というのは、代謝によってエネルギーを生産するクエン酸回路は、クエン酸を媒介として細胞のナトリウム・カリウムのバランスを維持しているからです。

そのため、抗酸化力が高く、ビタミンCが豊富なレモンやオレンジなどを薄くスライスして、ヨーグルトのトッピングに使ったり、料理の隠し味にほんの少し使ったりするとよいでしょう。

このように、果物にはさまざまな有効成分が含まれるため、人間でも生の果物や野菜を中心とした食生活をすると健康になるという考えがあります。

しかし、いくら野菜果物ジュースが健康によいからといって、犬にたくさん飲ませるのは危険です。あまりにも与え過ぎると、体が冷たくなってしまう恐れがあります。

あくまでも食事は、1・2・3群を入れて、ぐつぐつ煮込んだおじやを食べさせてください。例外として、おじやを食べないほど弱っていて、その子が果物なら食べられるという状態であれば、食べさせても構いません。

健康な子には、手作り食をきちんとあげて、おやつに旬の果物を与えましょう。

カテキンの抗酸化作用で生活習慣病を予防

おやつ

りんご

主な栄養素	栄養評価	100g中含有量
ビタミンC	🐾	**4㎎**
カリウム	🐾🐾🐾	**110㎎**
食物繊維	🐾	**1.5㎎**

■効能■

カテキン **動脈硬化対策**

食物繊維 **便秘改善**

リンゴ酸 **疲労回復**

カテキン **糖尿病対策**

栄養と薬効

りんごは昔から「1日1個で、医者いらず」といわれるほど、健康に有益な果物とされています。りんごに含まれるクエン酸は、疲労物質である乳酸の分解に作用し乳酸が筋肉へ蓄積するのを防ぎ、疲労物質の代謝を促すりんご酸や糖分との相乗効果で、疲労回復に役立ちます。

また、りんごに含まれるカテキンには、抗酸化作用があるため、体の酸化を防ぎ、動脈硬化や糖尿病予防に有益です。

水溶性食物繊維ペクチンが豊富で、腸内の乳酸菌を増やして、悪玉菌の繁殖を抑えてくれます。

腸内環境を整えるため、便秘改善や免疫力の強化、生活習慣病予防が期待できます。

Dr.須崎のワンポイントアドバイス

りんごは強い抗酸化作用を持つポリフェノールが豊富で、赤い皮には色素成分のアントシアニンが多く、果肉にはフラボノイドの一種であるケルセチンやカテキンを含んでいます。そのため、健康維持ならびに健康増進のために、りんごを普段の食事でデザートとして食べさせるのはおすすめです。

最近、りんごが喉に詰まった子に遭遇する獣医師が多いようです。ですから、食べさせるときには、喉を通過できる大きさに切るか、すりおろすなどして食べさせてください。

市販のリンゴジュースは、内容成分が異なるので、与えるならりんごをすってあげましょう。

りんご(カテキン)

＋ 豚肉(オレイン酸、ビタミンB群) ＋ しいたけ(エリタデニン) → 動脈硬化予防、血中コレステロール減少

りんご(リンゴ酸、クエン酸)

＋ さつまいも(ビタミンB_1、ビタミンC) ＋ はちみつ(ブドウ糖) → 疲労回復、脳の疲労回復

りんご(食物繊維)

＋ バナナ(オリゴ糖) ＋ パイナップル(ブロメリン) → 便秘解消

りんごのカテキン＋ビタミンB群豊富な豚肉で生活習慣病予防

『豚肉とリンゴのトマト煮』

材料

- 1群 玄米ごはん(炊飯済)
- 2群 トマト、しいたけ、ブロッコリー、キャベツ
- 3群 豚肉
- おやつ りんご

つくり方

1. 豚肉、野菜はフードプロセッサーでみじん切りにする。
2. 鍋に1と食べやすい大きさに切ったりんご、ごはんを入れてひたひたの水を加えて煮る。

豊富なビタミンCで免疫力をアップ！

いちご

主な栄養素	栄養評価	100g中 含有量
ビタミンC	🐾🐾	62㎎
食物繊維	🐾	1.4g
カリウム	🐾🐾🐾	170㎎

■効能■

- ペクチン　**血糖値対策**
- アントシアニン　**肝機能強化**
- ビタミンC　**皮膚粘膜強化**
- ビタミンC　**歯周病予防**

栄養と薬効

レモンに匹敵するほどビタミンCが豊富ないちごは、冬から春にかけてが旬の果物です。コラーゲンの生成を助けて、皮膚や粘膜を丈夫にするビタミンCは、歯周病予防もしてくれます。また、ウイルスに対する抵抗力をつけるので、免疫力強化やがん予防にも効果的です。

赤い色素のアントシアニンには、抗酸化作用があり、肝機能を強化し、視力低下を防ぐ働きもしてくれます。

いちごに含まれる食物繊維のペクチンは、コレステロールや糖分の吸収を抑制するため、糖尿病予防や動脈硬化予防に有益です。腸を活発にするので、デトックスにもよいでしょう。

Dr.須崎のワンポイントアドバイス

いちごにはシュウ酸が含まれるので与えない方がよいという獣医師がいるようです。しかし、結石ができるのは、いちごにシュウ酸が含まれているからではなく、他に原因があるためで、いちごを食べて結石ができるというのは極端に思われます。

いちごは旬になると手に入れやすく、ビタミンCが豊富で免疫力を高めてくれるので、風邪を引きそうな冬から春にかけて、食後に一緒に食べてはいかがでしょうか?

ただし、まる飲みして喉に詰まらせることがあります。小型犬や中型犬の子は、細かく刻むか、つぶしてから与えるとよいでしょう。

いちご（アントシアニン）

＋ トマト（α-リポ酸、リコピン） ＋ カッテージチーズ（リジン、メチオニン） → **肝機能強化**

いちご（アントシアニン、ビタミンC）

＋ グレープフルーツ（フラボノイド、リコピン） ＋ オリーブ油（ビタミンE） → **がん予防**

いちご（ビタミンC）

＋ ヨーグルト（乳酸菌） ＋ アーモンド（ビタミンE） → **歯周病予防**

ビタミンCに歯ぐき強化のビタミンEを加え歯周病予防

『いちごヨーグルトゼリー』

材料

- **1群** アーモンド
- **3群** ヨーグルト、ゼラチン
- **おやつ** いちご

つくり方

1. 耐熱容器に入れた水にゼラチンを振り入れ、ふやかしておく。
2. レンジで30秒加熱し、かき混ぜてゼラチンを完全に溶かす。
3. ミキサーにいちご、**2**、ヨーグルト、アーモンドを入れジュース状にする。
4. カップに入れ、冷蔵庫で冷やし固める。

水分たっぷり＆利尿作用で腎臓病を予防

おやつ

すいか

主な栄養素	栄養評価	100g中 含有量
β-カロテン	🐾🐾	830㎍
ビタミンC	🐾	10㎎
カリウム	🐾🐾	120㎎

■効能■

シトルリン **利尿促進**

カリウム **むくみ防止**

リコピン **がん予防**

イノシトール **肝機能強化**

栄養と薬効

夏の果物の代表格である赤いすいかは、ポリフェノールの一種である、赤い色素のリコピンを含んでいます。リコピンは、β-カロテンよりも強い抗酸化作用を持ち、がん予防や老化防止に効果的な成分です。また、緑黄色野菜に匹敵するほどのβ-カロテンを含むため、リコピンとの相乗効果で活性酸素の除去が期待できます。さらに、コレステロール値を下げて、肝機能を強化するイノシトールは、生活習慣病予防にも役立ちます。また、むくみ解消に有益なカリウムや、腎臓の機能をサポートし、利尿を促進するシトルリンには、利尿作用があるため、デトックスにも効果的です。

Dr.須崎のワンポイントアドバイス

すいかは漢方の世界で「白虎湯」と呼ばれ、水分を多く含み、利尿作用があるので、膀胱炎やむくみの治療に使われています。

犬は暑さが苦手なため、夏バテ予防におすすめの果物です。旬の夏には、熱射病対策として、水代わりにすいかを食べさせてもよいでしょう。

ただし、たくさん食べると、体が冷えて、尿コントロールがきかなくなり、おねしょをする子や、トイレの前でおもらしをする子がいます。与え過ぎには注意してください。

また、種がお腹の中に入っても、心配はいりません。もし気になるようでしたら、種をはずしてから与えましょう。

百科事典

すいか（カリウム、シトルリン）

＋ バナナ（ビタミンB_6）＋ パイナップル（ビタミンC）→ **むくみの改善**

すいか（リコピン）

＋ トマト（β-カロテン）＋ チーズ（乳酸菌）→ **がん予防**

すいかの皮（イノシトール）

＋ アーモンド（ビタミンE）＋ 牛乳（リジン）→ **肝機能強化（脂肪肝予防）**

すいかの皮に豊富なイノシトールにビタミンEを加え肝機能強化を

『すいか寒天』

材料

- **1群** アーモンド
- **2群** フルーツトマト、寒天
- **3群** 牛乳
- **おやつ** すいか（果肉・白い部分）

つくり方

1. アーモンド、トマト、すいかをフードプロセッサーでペースト状にする。
2. 鍋に牛乳と分量の寒天を入れて、寒天を煮溶かす。
3. **2**に**1**を加えて混ぜ合わせ、型に入れて冷やし固める。

ウイルスを撃退するタンニンやビタミンCが豊富

柿

おやつ

主な栄養素	栄養評価	100g中 含有量
β-カロテン	🐾🐾	420μg
ビタミンC	🐾🐾🐾	70mg
食物繊維	🐾	1.6g

■効能■

ビタミンC **ウイルス対策**

クリプトキサンチン **がん予防**

タンニン **免疫力アップ**

ビタミンC **口内炎対策**

栄養と薬効

秋が旬の柿は、寒い季節に風邪をひきがちな子には是非食べてもらいたい果物です。

粘膜強化によって免疫力をアップし、感染症を予防してくれるビタミンCが豊富なほか、キラー細胞の活性力を増強し、ウイルスを撃退してくれるタンニンや、抗酸化作用のあるβ-カロテンが豊富に含まれています。

さらに、クリプトキサンチンと呼ばれる黄色のカロテノイド系色素は、活性酸素を除去し、強い抗がん作用があるので、がん予防に効果的です。また、β-カロテンよりも強い抗酸化力を持つリコピンも含むなど、全体的に、活性酸素除去効果やがん抑制に優れた果物です。

Dr.須崎のワンポイントアドバイス

犬にとって、柿の甘さは魅力的だと思われます。2週間何も食べなかった子に、柿を食べさせたところ、甘さに惹かれて食べてくれ、それをきっかけに食欲が復活し、元気になったケースがありました。ですから、食欲のない子には、試しに与えてみる価値がある果物です。

また、昔から柿は呼吸器系の疾患に効くとされ、柿をすって作った液は、慢性気管支炎の予防や緩和に有効とされています。

干し柿は持ち運びができ、携帯用のおやつにも適しています。

ただ、何事も与え過ぎはよくありません。その子の体重にあわせて、分量を加減してあげて下さい。

百科事典

柿（β－カロテン、ビタミンC）

＋ 豆腐（ビタミンB群） ＋ 青菜（鉄） → **口内炎の予防と改善**

柿（クリプトキサンチン）

＋ ヨーグルト（乳酸菌） ＋ みかん（有機酸） → **がん予防**

柿（ヨウ素、ビタミンC）

＋ ごま（ビタミンB群） ＋ 鶏肉（アミノ酸） → **甲状腺機能亢進、機能低下対策**

豊富な要素で甲状腺機能低下対策

『柿とささみのゴマ風味サラダ』

材料

- 1群 ごま
- 2群 大根、にんじん
- 3群 鶏ささみ
- おやつ 柿

つくり方

1. 大根、にんじん、柿、は食べやすい大きさに切る。
2. 鶏ささみとにんじんはラップをして、レンジで加熱する。
3. ささみは食べやすい大きさに裂く。
4. 柿、大根、にんじん、ささみをペースト状にすったごまで和える。

震災対策マニュアル」

震災時に愛犬を守る食事・飲料水対策法

「災害時にどの様に愛犬の身を守ったらいいのか？」というご質問を多数いただきました。

２０１１年3月11日に発生した東日本大震災では、ライフラインの復旧がなかなか進まず、また、物資も被災地になかなか届かないということも発生し、被災者の方々はご自身の食糧を確保することすら大変な毎日を過ごされました。

また、ペットが可の避難所を探すのが大変だったようで、予めどうしたらいいかを考えるのは重要だと思います。

いずれにしても、この様な状況でも愛犬の身を守ってあげられるのは飼い主さんしかいないのですが、材料がない、お水も少ない状況で、理想的な手作り食をするのは難しい様です。

もちろん、冷凍食品を準備していても電力供給が十分でなければどうにもならなかったそうです。

となると、加熱しなくとも食べられる缶詰やレトルトもの、人間用離乳食が機能しそうですし、実際そうだったようです。

ドライフードでいいのでは？　と思われるかもしれませんが、貴重な水を欲しがるため、水がない状態では、水分を含んだ食事の方が良かったという声が多かったです。

しかし、缶や瓶詰めでは、ゴミが出ることと、運ぶのも大変ということがあります。そこで、レトルト食品が良かったそうです。米飯の真空パックを用意していた方からも、非常に重宝したというご意見をいただきました。

「愛犬を守る

愛犬用非常バッグに用意しておきたいもの

●非常食、水

先にも書きました様に、瓶や缶に入ったものより、レトルトものがおすすめです。「どのくらい詰めておくべきか？」というご質問をいただきましたが、今回のケースを考えますと、2〜3週間分は必要なのではないでしょうか？　被災してからでは買えないこともわかりました。普段から是非準備しておきたいものです。

●毛布・カイロ・タオル

体調不良の子は体温が低下することが生死に関わってきます。ですから、毛布は必須です。季節や地域にもよりますが、カイロが必要な場合もあるでしょう。そんなときは、カイロが有効ですが、そのまま身体に当てると低温やけどする可能性があるので、タオルでくるんで暖めてください。

●トイレグッズ

トイレシートでお行儀良く等という状況では無いですし、かさばることもあり、これは余裕があればということになります。ただ、外でした場合は、避難所の人間関係もありますし、いつも通り埋める必要があります。ですから災害時用の排泄セットは必要でしょう。

●救急箱

人間と同じで、瓦礫などでケガをしたときに絆創膏等があればいいと思いますが、固定することが重要ですので、テーピングや、動物病院に売っている粘着性のある包帯を用意しておくのも良いでしょう。瓦礫でケガをさせたくないから靴を用意している方もいらっしゃる様です。

終わりに

飼い主さん達と診療やセミナーを通じてお話しさせていただいておりますと、沢山の疑問や不安を抱えていらっしゃる方が多い印象を受けます。皆さん真剣だからこそ、いろいろ調べられた結果、「いろんな意見があってわからなくなった」という状態になる様です。

私は普段、診療を通じてさまざまな犬と接することで、食事の大切さや食事のパワーの限界を日々学ばせていただいております。その経験を元に一つ一つ丁寧に解説させていただくと、安心して実践していただけ、「こんなことなら早くやっておけば良かった」と言われます。

普段、ブログやメルマガ等で情報提供しておりますが、やはり文字だけでは限界があり、直接お話しさせていただくことで、腑に落ちていただけるのだと思います。

デジタル時代、効率化社会と言われますが、直接お目にかかってお話しするのが一番だと思っております。

これまで、病気を克服する食事についての情報提供を執筆してきましたが、この本は、元気な子をより元気にするために執筆させていただきました。

私が会長を務めます「ペット食育協会」では、「流派にとらわれず、飼い主さんの悩みを減らす」「何を食べても平気な身体作り」を基本方針として、ペットの食事に関する情報提供をしております。ペットフードがダメだとか、手作り食でないといけないとか、そういう凝り固まった思考に囚われるのではなく、愛犬が健康に生活できるなら、手段は何でも良いじゃないか！　という「当たり前のこと」をどうやって実践していくかをお伝えしております。

これからも、より多くの方々と、手づくり食の適切な知識を共有・発展させられたらと思っております。また、これまで通り飼い主さんの問題を解決する「有効な選択肢」を開発・提案させていただこうと思っております。

最後に、今日本は東日本大震災で大変な状況ではありますが、みんなで力を合わせて、復興していきましょう。

２０１１年5月27日

Information

フード・サプリメント

食材の心配をせずにすむフード、補う以上にデトックスに焦点を合わせたサプリメントにご興味のある方は、須﨑動物病院ホームページにアクセスしてください。

無料メルマガ

手作り食の体験談や最新情報をパソコン、携帯のメールマガジンで情報発信中。ホームページから登録してください。

ペット食育協会

気軽に勉強したいという方のために、各地で「ペットの手作り食入門講座」を協会認定インストラクターが開催しております。食を通してペットの快適な生活を支援することを目的とし、食育についての知識を広げるインストラクターを育成し、適切な知識の普及活動を行っております。　【URL】http://apna.jp/

◆お問い合わせ◆

【須﨑動物病院】

〒193-0833　東京都八王子市めじろ台 2-1-1　京王めじろ台マンション A-310

Tel.　042-629-3424（月〜金　10〜13時　15〜19時／祭日を除く）

Fax.　042-629-2690（２４時間受付）

PC ホームページ　http://www.susaki.com

携帯ホームページ　http://www.susaki.com/m/

E-mail.　pet@susaki.com

※病院での診療、往診、電話相談は完全予約制です。

【ワンズカフェクラブ】

ペット食育協会上級指導士、ペット栄養管理士、栄養士の資格を持つ諸岡里代子さんが店長を務める、犬の手作りごはん専門店。人とペットの食を通して、おいしくて楽しいごはん時間の演出、ペットの食育の輪を広げる場の提供、普及活動を行う。

http://www.rakuten.co.jp/wans-cafe/

Tel.　092-405-9433　Fax.　092-405-9432

E-mail.　wans.cafe.club@m4.dion.ne.jp

【犬の肖像画制作　ＲＯＵＴＥ２９９】

ペット食育協会上級指導士、ペット栄養管理士、１級愛玩動物飼養管理士の藤根悦子さんは、愛犬を健康で長生きさせるためには、飼い主が「正しい知識」を得ることが不可欠と考え、ブログ等を通じて情報発信中。濃い情報にファンが多い。

犬の肖像画制作　ＲＯＵＴＥ２９９　http://www.route299.com/

手作り食の疑問を解決　犬めし亭　http://www.inumeshitei.jp/

須﨑恭彦（すさき・やすひこ）

獣医師、獣医学博士。東京農工大学農学部獣医学科卒業、岐阜大学大学院連合獣医学研究科修了。現、須﨑動物病院院長、九州保健福祉大学客員教授、ペット食育協会会長。薬や手術などの西洋医学以外の選択を探している飼い主さんに、栄養学と東洋医学を取り入れた食事療法を中心とした、体質改善、自然治癒力を高める動物医療を実践している。メンタルトレーニング（シルバメソッド）の国際公認インストラクター資格を活かし、飼い主さんの不安を取り除くことにも力を注いでいる。著書に『愛犬のための手作り健康食（洋泉社）』『かんたん犬ごはん～プチ病気・生活習慣病を撃退！（女子栄養大出版部）』『愛犬のための　症状・目的別食事百科（講談社）』『愛犬のための　症状・目的別栄養事典（講談社）』『愛犬のためのがんが逃げていく食事と生活（講談社）』がある。

問い合わせ先

【須﨑動物病院】

〒193-0833　東京都八王子市めじろ台2-1-1　京王めじろ台マンションA-310

Tel.　042-629-3424（月～金　10～13時　15～18時／祭日を除く）

Fax.　042-629-2690（24時間受付）

E-mail.　clinic@susaki.com

※病院での診療、往診、電話相談は完全予約制です。

STAFF

取材・原稿：酒井奈美
装丁・デザイン：吉度天晴
イラスト：藤井昌子
食材足し算、レシピ考案：諸岡里代子
栄養素調査：諸岡里代子、藤根悦子

愛犬《あいけん》のための　食《た》べもの栄養事典《えいようじてん》

2011年 5月27日　第1刷発行
2022年 3月 3日　第8刷発行

著　者　須﨑恭彦《すさきやすひこ》
発行者　鈴木章一
発行所　株式会社講談社
東京都文京区音羽2-12-21　〒112-8001
販売　TEL.03-5395-3625
業務　TEL.03-5395-3615
編　集　株式会社講談社エディトリアル
代　表　堺 公江
東京都文京区音羽1-17-18 護国寺SIAビル6F　〒112-0013
編集　TEL.03-5319-2171
印刷　NISSHA株式会社
製本所　大口製本印刷株式会社

N.D.C.645　175p　21cm　ISBN978-4-06-216970-7